U0203077

陈 霓　王志明　陈德俊　等著

水稻联合收割机动力学分析

著 者 名 单

陈　霓　王志明　陈德俊

刘正怀　熊永森　田立权

江苏大学出版社
JIANGSU UNIVERSITY PRESS

镇 江

内容简介

本书根据力学基本原理和动力学三大定理,对水稻联合收割机几种典型的切割装置、脱粒装置、清选装置及两种履带式行走装置,特别是对其中的"同轴差速脱粒""回转凹板分离""圆锥风扇清选"和"单液压马达原地转向"4项原创技术的机构和物料进行了动力学分析,对单动力流和双动力流两种行走装置进行了分析比较。在此基础上,本书阐述了水稻联合收割机各种装置的工作力矩的计算方法和收获作业总体动力学原理,并以4LZS-1.8型水稻联合收割机为例进行分析。

图书在版编目(CIP)数据

水稻联合收割机动力学分析 / 陈霓等著. -- 镇江:
江苏大学出版社, 2024. 8. -- ISBN 978-7-5684-2279-6

Ⅰ. S225.4

中国国家版本馆 CIP 数据核字第 20245CN024 号

水稻联合收割机动力学分析
Shuidao Lianhe Shougeji Donglixue Fenxi

著　　者/陈　霓　王志明　陈德俊　等
责任编辑/许莹莹
出版发行/江苏大学出版社
地　　址/江苏省镇江市京口区学府路 301 号(邮编: 212013)
电　　话/0511-84446464 (传真)
网　　址/http://press.ujs.edu.cn
排　　版/镇江市江东印刷有限责任公司
印　　刷/镇江文苑制版印刷有限责任公司
开　　本/710 mm×1 000 mm　1/16
印　　张/10
字　　数/166 千字
版　　次/2024 年 8 月第 1 版
印　　次/2024 年 8 月第 1 次印刷
书　　号/ISBN 978-7-5684-2279-6
定　　价/45.00 元

如有印装质量问题请与本社营销部联系 (电话:0511-84440882)

前　言

我国水稻联合收割机经过几十年的发展，已拥有包括杆齿滚筒横轴流、纵轴流的全喂入式和弓齿滚筒半喂入式等多种水稻联合收割机机型并投产应用。目前，水稻收获机械化程度已达到80%，为了不断提高水稻联合收割机的作业性能，应该对水稻联合收割机的各类工作机构进行深入研究和优化，而对其进行动力学分析就是其中的重要内容之一。

近十多年来，金华职业技术大学机电工程学院（浙江省农作物收获装备技术重点实验室）水稻联合收割机科研团队承担并完成了多项浙江省科技厅水稻联合收割机攻关项目和国家、省级自然科学基金项目，取得了全喂入/半喂入、横轴流/纵轴流水稻联合收割机的多项科研成果，本书主要分析这些科研成果所涉及的机构动力学问题。全书共13章，包括切割、脱粒、清选、行走4部分内容，每个部分3章，最后一章是水稻联合收割机总体动力学分析。本书对上述工作机构和作业物料的动力学问题，特别是对本科研团队原创研发的同轴差速脱粒机构、回转式栅格凹板分离机构、圆锥形风扇清选机构、单液压马达原地转向机构进行了较多的分析：

① 基于投影原理，对往复式切割器的RSSR四杆空间机构进行了平面化处理，使机构位移、速度和加速度等空间向量得以在平面内进行分析。

② 基于 B. П. 郭辽契金根据动量定理创建的脱粒滚筒理论和变质量质心运动定律，分析了全喂入轴流式滚筒盖上导向板的数量与滚筒脱粒功耗的关系，根据脱出物离散分布模型，提出了轴流脱粒功耗修正系数；计算了低速滚筒、高速滚筒及整个差速滚筒的脱粒功耗。

③ 基于 M. A. 普式兑金的经验公式和 B. Г. 阿特平的实验验证等研究，建立了脱粒作物对栅格凹板离心力的微分方程，根据牛顿-莱布尼茨公式求解脱粒作物离心力；分析计算了回转式栅格凹板的驱动功耗。

④ 基于依据动量矩定理建立的欧拉方程,分析了圆锥形风扇大小端的理论压头,提出了横向压头和横向风速的计算方法,分析了脱出物质点在纵向、横向风速合成作用下的运动和受力。

⑤ 基于履带车辆转向理论,论述了转向离合器由"转向制动"变为"转向传动",从而使变速箱由单动力流变为双动力流的原理,设计了双动力流行走装置变速箱;对单动力流和双动力流两种行走装置的不同工况进行了动力学比较分析。

⑥ 基于动能定理,分析了水稻联合收割机收获作业总体动力学,实例分析计算了主要机构功率消耗。

本书由金华职业技术大学机电工程学院/浙江省农作物收获装备技术重点实验室陈霓主著,水稻联合收割机科研团队成员参著,陈德俊协助统稿,并由金华职业技术大学"浙江省职业教育教师教学创新团队(机械制造与自动化)"基金项目资助出版,在此表示感谢。本书对水稻联合收割机的理论研究和产品开发有一定的价值,可供相关农业机械科技人员参考。

由于作者水平所限,书中缺点、错误在所难免,欢迎读者批评指正。

著　者

2024 年 1 月

目　　录

第1章 往复式切割器 RSSR 机构动力学分析

1.1 RSSR 四杆空间机构

1.1.1 RSSR 四杆空间机构的结构

曲柄连杆摇杆机构一般配置于收割台左侧,是水稻联合收割机应用最广的往复式切割器驱动机构。RSSR 空间机构示意图如图 1-1 所示,其中,曲柄轴 A 与机架为转动(rotation)副,曲柄 AB 与连杆 BC 为球铰(spheroid)副、连杆 BC 与摇杆 CD 为球铰(spheroid)副、摇杆 CD 与机架为转动(rotation)副,合称 RSSR 空间机构。曲柄回转平面 V 和摇杆转动平面 H 相互垂直,交线为 x-x。摇杆支座轴 D 位于 H 平面内,与 x-x 轴的距离为 f。曲柄轴 A 距水平面 H 的高度为 e。设连杆 BC 的重心 S 位于连杆中点,曲柄匀速转动。

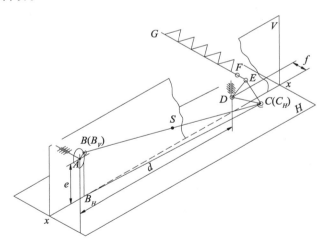

图1-1 RSSR 空间机构示意图

1.1.2 RSSR 四杆空间机构平面化

图 1-1 中,空间机构 RSSR 的曲柄轴 A 与摇杆支座轴 D 垂直,分别位

于两个垂直平面 V 和 H 内,交线为 $x-x$。为计算分析,需将空间机构平面化,如图 1-2 所示。若曲柄 AB 的位置已知,为确定摇杆 CD 的位置,在球铰副 C 处将连杆 BC 和摇杆 CD 拆开,把连杆中心线 B_VC 置于曲柄 AB 的回转平面 V 内(B_VC 在图中为水平位置),将 B_VC 在平面 V 内绕 B_V 点旋转并与 $x-x$ 相交于 C_x,再绕轴线 B_V-B_H 旋转并与 H 平面上摇杆 CD 的端点 C 的轨迹切线 mn 相交于 C_H,B_HC_H 为连杆 BC 在 H 平面的投影,点 C_V 为 C_H 在 $x-x$ 轴上的投影,B_VC_V 为连杆 BC 在 V 平面的投影。平面 V 与平面 H 在图纸平面重合。

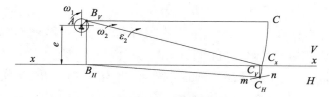

图 1-2　RSSR 空间机构平面化

1.2　杆件上点的速度和加速度

1.2.1　杆件上点的速度

由于空间机构已平面化,因此空间向量的相加可在图纸平面上进行。如图 1-3 所示,先作连杆 BC 两端点的速度图:两平面交线 $x-x$ 上方为 H 平面、下方为 V 平面,在交线 $x-x$ 上选取 p_v 作为速度图原点,从 p_v 引垂直于曲柄 AB 的直线并截取线段 $p_vb_v = v_B/k_v$[k_v 为速度多边形比尺,单位为(m/s)/mm],过 b_v 点作垂直于连杆 BC 的平面 R(在 V 平面投影为 R_V)与交线 $x-x$ 相交于 c_v;平面 R 在 H 平面的投影为 R_H,过 c_v 点引 R_H,与从 p_v 点所作 C 点速度的方向线(平行于摇杆 CD 端点 C 的轨迹切线 mn,垂直于摇杆 CD)相交于 c_h,$p_vc_h \times k_v$ 即为 C 点的速度 v_C。

相对速度 v_{CB} 由以下方法求得:作 c_h 点在 $x-x$ 线上的投影(即 c_v 点),连接 b_v 和 c_v,线段 b_vc_v 即为 C 点对 B 点的相对速度 v_{CB} 在 V 平面上的投影。以 c_v 为圆心,以线段 b_vc_v 为半径画弧与交线 $x-x$ 相交于 b 点,连接 c_h 和 b,线段 c_hb 即为相对速度 v_{CB}/k_v;或作 b_v 点在 $x-x$ 上的投影 b_h,连接 b_h 和 c_h,b_hc_h 为相对速度 v_{CB} 在 H 平面上的投影。以 b_h 为圆心,以线段 b_hc_h 为半径画弧与交线 $x-x$ 相交于 c,连接 c 和 b_v,线段 b_vc 也为相对速度

v_{CB}/k_v。过 p_v 点引直线与 $b_v c$ 相交于 $S, p_v S$ 即为连杆 BC 重心 S 的速度 v_S/k_v。

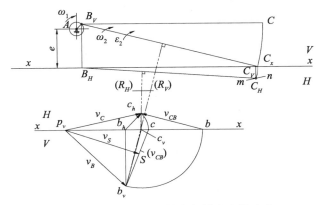

图 1-3　RSSR 空间机构各杆件上点的速度

由上述分析可知,连杆 BC 两端点 B, C 及连杆重心 S 点的速度如下:

$$\begin{cases} v_B = l_{AB}\omega_1 \\ v_C = v_B + v_{CB} \\ v_S = l_{BS}\omega_2 \end{cases} \tag{1-1}$$

C 点相对 B 点的速度为

$$v_{CB} = l_{BC}\omega_2 \tag{1-2}$$

$$\omega_2 = v_{CB}/l_{BC} = k_v\sqrt{(b_v c_v)^2 + (b_h c_h)^2}/l_{BC} \tag{1-3}$$

式中:v_B——曲柄 B 点的速度,位于 V 平面内,m/s;

　　　l_{AB}——曲柄 AB 的长度,m;

　　　ω_1——曲柄 AB 的角速度,rad/s;

　　　v_C——C 点的速度,垂直于摇杆 CD,位于 H 平面内,m/s;

　　　v_{CB}——C 点相对 B 点的速度,位于垂直于连杆的平面内,m/s;

　　　v_S——连杆重心 S 点的速度,位于 S 点垂直于连杆的平面内,m/s;

　　　l_{BS}——连杆 B 点到 S 点的长度,m;

　　　ω_2——连杆 BC 的角速度,rad/s;

　　　l_{BC}——连杆 BC 的长度,m;

　　　k_v——速度多边形比例尺,(m/s)/mm;

$b_v c_v$、$b_h c_h$——速度图上相对速度 v_{CB} 在 V 平面和 H 平面上的投影长度,m。

1.2.2 杆件上点的加速度

空间向量加速度的分析计算也可在图纸平面上进行,如图 1-4 所示。作 V 平面和 H 平面的交线 x-x,交线 x-x 上方为 H 平面、下方为 V 平面,在交线上取一点 p_a 作为加速度图原点,从 p_a 引平行于曲柄 AB 的直线并在其上取线段 $p_a b_v' = a_B / k_a$,k_a 为加速度多边形比例尺,单位为 $(m/s^2)/mm$。同时,从 p_a 点引垂直于摇杆端点 C 的轨迹切线 mn 的直线,在其上取线段 $p_a c_h'' = a_C^n / k_a$ 即为 C 点的法向加速度,在 c_h'' 点引 $p_a c_h''$ 的垂线(C 点切向加速度的方向线);从 B 点加速度端点 b_v' 作连杆 BC 相对加速度 a_{CB}(位于 C 点)的法向加速度 a_{CB}^n 和切向加速度 a_{CB}^τ,由于连杆长度大于曲柄长度的 6 倍,农业机械中视 a_{CB}^n 为零,从 b_v' 点作垂直于连杆 BC 的平面 R(R 在 V 平面投影为 R_V,是 a_{CB} 切向加速度 a_{CB}^τ 的方向线),和由 c_h'' 点引的 C 点切向加速度方向线相交于 c_h',连接点 p_a 和 c_h',$p_a c_h' \times k_a$ 即为 C 点的切向加速度 a_C。

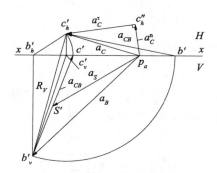

图 1-4　RSSR 空间机构各杆件上点的加速度

连杆 BC 的相对加速度 a_{CB} 由以下方法求得:作 C 点的切向加速度端点 c_h' 在交线 x-x 的投影 c_v',$c_v' b_v'$ 即为相对加速度 a_{CB} 在 V 平面上的投影;以 c_v' 为圆心,$c_v' b_v'$ 为半径作弧与 x-x 线相交于 b' 点,连接点 b' 和 c_h',$c_h' b'$ 即为相对加速度 a_{CB}/k_a。作 b_v' 在 x-x 线的投影 b_h',线段 $b_h' c_h'$ 为加速度 a_{CB} 在 H 平面上的投影。以 b_h' 为圆心,$b_h' c_h'$ 为半径作弧与 x-x 线相交于 c',连接点 c' 和 b_v',$b_v' c'$ 也为相对加速度 a_{CB}/k_a。过 p_a 点引直线与 $b_v' c'$ 相交

于 S', $p_a S'$ 即为 S 点的加速度 a_S/k_a。

由上述分析可知,连杆两端点 B, C 及重心 S 的加速度 a_S 如下:

$$a_B = a_B^n = v_B^2 / l_{AB} \tag{1-4}$$

$$a_{CB} = a_{CB}^n + a_{CB}^\tau = a_{CB}^\tau = \varepsilon_2 \cdot l_{BC} \tag{1-5}$$

$$a_C = a_C^n + a_C^\tau = a_B + a_{CB} = a_B + a_{CB}^\tau \tag{1-6}$$

$$a_S = a_B + a_{SB} = a_B + a_{SB}^\tau = a_B + \varepsilon_2 \cdot l_{BS} = a_B + \frac{l_{BS}}{l_{BC}} a_{CB} \tag{1-7}$$

$$\varepsilon_2 = a_{CB}^\tau / l_{BC} = k_a \sqrt{(b_v' c_v')^2 + (b_h' c_h')^2} / l_{BC} \tag{1-8}$$

式中: a_B ——曲柄端点 B 的加速度, m/s²;

a_B^n ——曲柄端点 B 的法向加速度, m/s²;

a_{CB} ——连杆端点 C 对 B 的相对加速度, m/s²;

a_{CB}^τ —— a_{CB} 的切向相对加速度, m/s²;

a_{CB}^n —— a_{CB} 的法向相对加速度, m/s²;

a_C ——摇杆端点 C 的加速度, m/s²;

a_C^n ——摇杆端点 C 的法向加速度, m/s²;

a_C^τ ——摇杆端点 C 的切向加速度, m/s²;

a_S ——连杆重心 S 的加速度, m/s²;

a_{SB} —— S 点相对 B 点的加速度, m/s²;

a_{SB}^τ —— a_{SB} 的切向相对加速度,位于垂直于连杆的平面内, m/s²;

ε_2 ——连杆 BC 的角加速度, rad/s²。

1.3　RSSR 四杆空间机构惯性力分析计算

RSSR 驱动切割器工作时产生惯性力,主要有连杆 BC 平面运动产生的惯性力 F_l 和切割器(含小连杆)往复直线运动产生的惯性力 F_g。切割器(含小连杆)往复直线运动惯性力 F_g 作用于摇杆端点 C。曲柄 AB 和摇杆机构 CED(见图 1-1)产生的惯性力很小,忽略不计。

1.3.1　连杆 BC 平面运动惯性力 F_l

连杆 BC 平面运动惯性力 F_l 及其作用点 K 可用作图法求得,如图 1-5 所示。

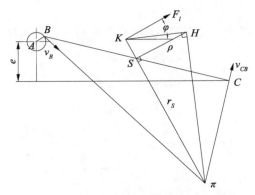

图 1-5　曲柄连杆机构连杆惯性力示意图

（1）连杆 BC 做平面运动的惯性力作用点 K

作 $\triangle \pi BC \backsim \triangle p_a b_v' c_h'$（见图 1-4 和图 1-5），$\pi$ 为平面运动加速度中心。根据机械原理，K 为平面运动的振动中心，位于加速度中心 π 与连杆重心 S 的连线 πS 的延长线上。过 S 点作 πS 的垂线 SH，根据计算的 ρ 值确定 H 点的位置。连接 πH，作 πH 的垂线与 πS 的延长线交于 K 点即为所求。

$$SK = \frac{\rho^2}{r_S} \tag{1-9}$$

$$\rho = \sqrt{\frac{J_S}{m_l}} = \sqrt{\frac{J_S g}{G_l}} \tag{1-10}$$

式中：ρ——连杆 BC 相对于重心 S 的惯性矩半径，m；

　　　r_S——连杆 BC 重心 S 至加速度中心 π 的距离，m；

　　　J_S——连杆 BC 相对于重心 S 的惯性矩，kg·m²；

　　　m_l——连杆 BC 的质量，kg；

　　　G_l——连杆 BC 的重量，N。

（2）连杆 BC 做平面运动的惯性力 F_l

连杆 BC 做平面运动的惯性力 F_l 作用于振动中心 K，其方向与连杆 BC 重心 S 的加速度 a_S 方向相反。

$$F_l = -m_l \cdot a_S = -\frac{G_l}{g} \cdot a_S \tag{1-11}$$

1.3.2　单动刀切割器往复直线运动惯性力 F_{gE} 和摇杆端点 C 的惯性力 F_g

如图 1-6 所示,单动刀切割器由 RSSR 单层摇杆机构驱动,切割器往复直线运动惯性力 F_{gE} 通过摇杆机构 CDE 经逆时针方向力矩 M_{gD} 传递到摇杆端点 C 生成惯性力 F_g。

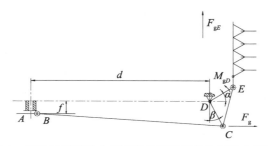

图 1-6　单动刀切割器曲柄连杆单层摇杆机构惯性力示意图

其相关参数公式为

$$F_g = \frac{M_{gD}}{CD\cos\beta} \tag{1-12}$$

$$M_{gD} = F_{gE} \cdot DE\cos\alpha \tag{1-13}$$

$$F_{gE} = -m_g a_g = -\frac{G_g}{g}a_g \tag{1-14}$$

式中：CD——摇杆长度,m;

$\quad F_g$——作用于 C 点水平方向的切割器惯性力,N;

$\quad \beta$——摇杆 CD 与动刀组平行线的夹角,(°);

$\quad F_{gE}$——切割器往复直线运动惯性力,N;

$\quad M_{gD}$——惯性力 F_{gE} 在摇臂机构支点 D 生成的力矩,N·m;

$\quad m_g$——切割器动刀组的质量,kg;

$\quad G_g$——切割器动力组的重量,N;

$\quad a_g$——切割器动刀组的加速度,m/s², $a_g = a_C$ (摇杆端点 C 的加速度);

$\quad g$——重力加速度,m/s²;

$\quad DE$——杠杆长度,m;

$\quad \alpha$——杠杆 DE 与动刀组垂线的夹角,(°)。

1.3.3 双动刀切割器往复直线运动惯性力 F_{gE}/F_{gH} 和摇杆端点 C 的惯性力 F_g

如图 1-7 所示,双动刀切割器由 RSSR 双层联动机构驱动。双层联动机构由两组呈上下叠加配置的摇臂机构组成。连杆 BC 通过 C 点驱动上摇臂机构 CDE,CDE 通过 E 点(滑块)驱动上动刀组 M。根据"支点两端做反向运动"的原理,由上摇臂机构 CDE 的联动杆 DJ 的 J 点驱动下摇臂机构 HIJ,HIJ 通过 H 点驱动下动刀组 N。联动杆 DJ 的长度可根据动刀行程经平面连杆机构综合求得。双动刀切割器的惯性力通过上、下摇臂机构 CDE、HIJ 传递到 C 点。

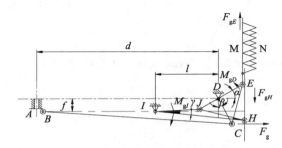

图 1-7 双动刀切割器曲柄连杆摇臂机构惯性力示意图

（1）上摇臂机构 CDE 传递的惯性力 F_{g1}

上动刀组 M 往复直线运动惯性力 F_{gE} 通过上摇臂机构 CDE 生成逆时针方向的惯性力矩 M_{gD},传递到上摇臂机构摇杆 CD 端点 C 生成水平方向的惯性力 F_{g1}(F_g 的组成部分),惯性力矩 M_{gD} 同时作用于摇杆 CD 和联动杆 DJ,转化为摇杆 CD 端点 C 的惯性力 F_{g1},有

$$F_{g1} = \frac{CD}{CD+DJ} \cdot \frac{M_{gD}}{CD\cos\beta} \tag{1-15}$$

$$M_{gD} = F_{gE} \cdot DE\cos\alpha \tag{1-16}$$

$$F_{gE} = -m_{g1}a_g = -\frac{G_{g1}}{g}a_g \tag{1-17}$$

式中:F_{g1}——作用于 C 点水平方向的上动刀组惯性力,N;

　　　CD——上摇臂机构摇杆 CD 的长度,m;

　　　DJ——联动杆长度,m;

M_{gD}——惯性力 F_{gE} 在上摇臂机构支点 D 生成的惯性力矩, N·m;

β——摇杆 CD 与动刀组平行线的夹角, (°);

F_{gE}——上动刀组的惯性力, N;

DE——上摇臂机构杠杆 DE 的长度, m;

α——杠杆 ED 与动刀组垂线的夹角, (°);

m_{g1}——上动刀组的质量, kg;

G_{g1}——上动刀组的重量, N;

a_g——切割器加速度, m/s^2, $a_g = a_C$(摇杆端点 C 的加速度);

g——重力加速度, m/s^2。

(2) 下摇臂机构 HIJ 传递的惯性力 F_{g2}

下动刀组 N 往复直线运动惯性力 F_{gH} 通过下摇臂机构 HIJ 生成顺时针方向的惯性力矩 M_{gI}, 传递到摇杆 CD 端点 C 生成水平方向的惯性力 F_{g2} (F_g 的组成部分), 惯性力矩 M_{gI} 通过 J 点同时作用于摇杆 CD 和杠杆 DE, 转化为摇杆 CD 端点 C 的惯性力 F_{g2}, 有

$$F_{g2} = \frac{CD}{CD+DE} \cdot \frac{M_{gI}}{CD\cos\beta} \tag{1-18}$$

$$M_{gI} = F_{gH} \cdot HI\cos\gamma \tag{1-19}$$

$$F_{gH} = -m_{g2}a_g = -\frac{G_{g2}}{g}a_g \tag{1-20}$$

式中: F_{g2}——作用于 C 点水平方向的下动刀组惯性力, N;

CD——上摇臂机构摇杆 CD 的长度, m;

DE——上摇臂机构摇杆 ED 的长度, m;

M_{gI}——惯性力 F_{gH} 在下摇臂机构支点 I 生成的顺时针方向惯性力矩, N·m;

β——摇杆 CD 与动刀组平行线的夹角, (°);

F_{gH}——下动刀组的惯性力, N;

IH——下摇臂机构摇杆的长度, m;

γ——摇杆 IJ 与动刀组垂直线的夹角, (°);

m_{g2}——下动刀组的质量, kg;

G_{g2}——下动刀组的重量, N;

a_g——切割器加速度, m/s^2, $a_g = a_C$(摇杆端点 C 的加速度);

g——重力加速度，m/s^2。

（3）双层联动驱动机构的惯性力

由于上动刀组 M 和下动刀组 N 的质量不同，其惯性力不相等，通过上、下摇臂机构传递作用于摇杆 CD 端点 C 水平方向总惯性力为

$$F_g = F_{g1} + F_{g2} \tag{1-21}$$

1.3.4　连杆 BC 平面运动惯性力 F_l 和切割器往复直线运动惯性力 F_g 的分解与合成

连杆 BC 平面运动惯性力 F_l 和切割器往复运动惯性力 F_g 的分解与合成可用作图法求解，如图 1-8 所示。

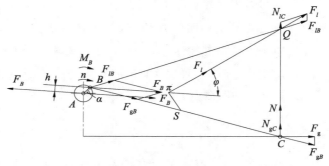

图 1-8　连杆惯性力 F_l 和切割器惯性力 F_g 的分解与合成

作用于振动中心 K 的连杆平面运动惯性力 F_l 由曲柄端点 B 和摇杆端点 C 承受，因此 F_l 可分解为作用于 B 点的 F_{lB} 和作用于 C 点的 N_{lC}；动刀组往复直线运动惯性力 F_g 呈水平状态作用于摇杆端点 C，可分解为沿连杆 BC 作用于曲柄端点 B 的分力 F_{gB} 和作用于 C 点的垂直分力 N_{gC}，由曲柄端点 B 和摇杆端点 C 承受。作用于曲柄端点 B 的 F_{lB} 和 F_{gB} 可合成为 F_B，作用于摇杆端点 C 的 N_{lC} 和 N_{gC} 可合成为 N。将作用于曲柄端点 B 的 F_B 简化到曲柄轴心 A 上，其惯性效果为主矢量 F_B 和力矩 M_B，$M_B = F_B \cdot h$。主矢量 F_B 使机架产生振动，力矩 M_B 影响曲柄旋转的均匀性，而 N 引起摇杆振动，故必须平衡。

1.3.5　主矢量 F_B 在曲柄旋转一周中的变化

在曲柄旋转一周的时间内，由于各构件加速度变化，所以惯性力的大小和方向都不同。将曲柄旋转圆周进行 6 等分，得曲柄销 AB 的 6 个位置 1、2、3、4、5、6，按前述方法求出 AB 在不同位置时的惯性力 F_1、F_2、F_3、F_4、

F_5、F_6 分别简化到曲柄轴心 A，测量出各力与其相应的曲柄所在位置的夹角 α_1、α_2、α_3、α_4、α_5、α_6，作出力的极坐标图（见图 1-9）。由图可知，最大惯性力位于水平方向，垂直方向惯性力较小，因为曲柄位于 90° 和 270° 垂直方向时切割器加速度为零。

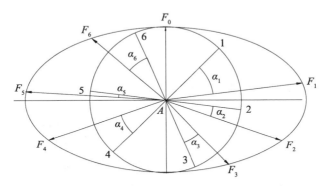

图 1-9　作用在曲柄轴心的惯性力 F 分布的极坐标图

1.3.6　平衡重及安装部位

如图 1-9 所示，曲柄旋转一周惯性力的分布是不均匀的，要将惯性力完全平衡非常困难。一般只平衡作用于曲柄轴心 A 点垂直方向的惯性力，即平衡极坐标图中以 A 为圆心、垂直方向惯性力 F_0 为半径所作圆的圆周以内的惯性力（也包括水平方向的惯性力），以防曲柄上下振动。B.Ⅱ. 郭辽契金院士认为，保留部分水平方向的惯性力有助于防止切割器茎秆阻塞，平衡方法是加平衡重 G_p。平衡重的离心惯性力和重量由下式表示：

$$F_0 = \frac{G_p}{g}\omega^2 r_p \qquad (1\text{-}22)$$

$$G_p = \frac{F_0 g}{\omega^2 r_p} \qquad (1\text{-}23)$$

$$\alpha_p = \frac{\alpha_1 + \alpha_2 - \alpha_3 + \alpha_4 - \alpha_5 - \alpha_6}{6} \qquad (1\text{-}24)$$

式中：F_0——垂直方向惯性力（极坐标圆半径，由计算求得），N；

　　　G_p——平衡重，N；

　　　ω——曲柄角速度，rad/s；

　　　g——重力加速度，m/s^2；

r_p——平衡重重心至曲柄轴心的距离，m，$r_p = \left(\dfrac{1}{3} \sim \dfrac{1}{2}\right) r$，$r$ 为曲柄半径；

α_p——平衡重重心至曲柄轴心连线的延长线与曲柄的夹角，$(°)$，沿曲柄旋转相反方向。

式(1-24)中的各惯性力与曲柄的夹角 α_i，从等分点至相应的惯性力顺时针方向为"+"，逆时针方向为"−"。

1.4 切割器切割作物工作阻力

曲柄连杆摇杆机构驱动切割器切割作物，产生切割作物工作阻力 R 和切割器摩擦力。在调整良好的情况下，切割器摩擦力可忽略不计。切割作物工作阻力 R 通过摇臂机构传递到摇杆 CD 的端点 C，切割作物工作阻力 R 可由下式求得：

$$R = \frac{z L_0 S H}{H_g} \tag{1-25}$$

式中：L_0——每个动刀片切割 1 m^2 稻麦茎秆消耗的功（据测定，$L_0 = 100 \sim 200$ N·m/m²）；

S——切割器动刀行程，m；

H——切割器进距，动刀一个行程机器前进的距离，m；

H_g——切割器进距中用于切割的距离，m（经计算，单动刀该距离为 0.37H，双动刀该距离为 0.68H）；

z——切割器动刀组刀片数。

1.5 RSSR 曲柄连杆机构动力学分析

1.5.1 机构受力

RSSR 曲柄连杆机构工作时，受到 4 种力的作用，如图 1-10a 所示。

（1）切割作物工作阻力 R

曲柄不同位置切割作物工作阻力 R 的方向是变化的。图 1-10 中，曲柄轮左端为起始位置 0°，圆的中垂线上、下分别为 90°和 270°，是切割器动刀和定刀中心线重合点（行程中心）。曲柄位于 B_1 位置在 90°~180°范围内，切割器动刀从行程中心切割作物，作用于摇杆 C 点的工作阻力为 R_1；

曲柄位于 B_2 位置在 $180°\sim270°$ 范围内,切割器动刀从行程一侧终点回程切割作物,作用于摇杆 C 点的工作阻力为 R_2。

（2）机构惯性力 F

如前所述,RSSR 曲柄连杆机构切割装置惯性力为作用于曲柄端点 B 的惯性力 F_B 和作用于摇杆端点 C 的惯性力 N。曲柄位于 B_1 位置时为 F_{B1} 和 N_1,曲柄位于 B_2 位置时为 F_{B2} 和 N_2,F_{B1}、F_{B2} 简称 F_1、F_2,其值可根据比例尺测定。

（3）平衡重离心力 F_P

平衡重与曲柄位于同一刚体曲柄轮,将作用于平衡重质心的 F_P 简化到曲柄端点 B,其惯性效果为主矢量 F_P 和力矩 M_P。曲柄位于 B_1 位置时为 F_{P1} 和 M_{P1},曲柄位于 B_2 位置时为 F_{P2} 和 M_{P2},$M_{P1}=F_{P1}\cdot d_1$,$M_{P2}=F_{P2}\cdot d_2$。

（4）机构工作扭矩（平衡力矩）M_J

机构工作扭矩 M_J 以力偶形式 $M_J=F_M\cdot L_{AB}$（平衡力×曲柄半径）显示在图 1-10 中。曲柄位于 B_1 位置时为 M_{J1}（$M_{J1}=F_{M1}\cdot L_{AB}$）,用于切割器动刀从行程中心向一侧切割作物;曲柄位于 B_2 位置时（图中为双点花线）工作扭矩为 M_{J2}（$M_{J2}=F_{M2}\cdot L_{AB}$）,用于切割器动刀从行程一侧终点回程切割作物。

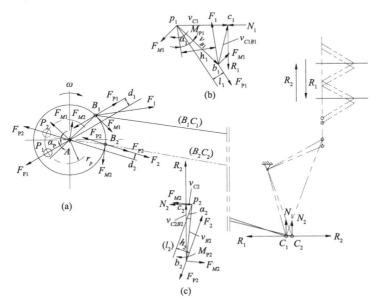

图 1-10　RSSR 曲柄连杆摇杆机构受力及动力学平衡示意图

1.5.2　机构动力学平衡

动力学分析的最终目标是求出整个机构的平衡力。在不需要为解决零件强度问题而必须求出机构各连接点作用力的情况下,用茹柯夫斯基杠杆法能跳过不必要的步骤直接求得整个机构平衡力。根据虚位移原理,具有理想约束的系统处于平衡状态时,所有作用于该系统的外力在任何虚位移中的元功之和为零。利用茹柯夫斯基杠杆法可求得作用于机构上曲柄位于 B_1 和 B_2 位置的机构平衡力矩,即工作扭矩 M_{J1} 和 M_{J2}。M_{J1} 和 M_{J2} 在速度图上显示的是 $F_{M1} \cdot \overline{p_1 b_1}$ 和 $F_{M2} \cdot \overline{p_2 b_2}$。作曲柄位于 B_1 位置时的速度图,将机构图上的诸作用力逆时针转 $90°$ 移到速度图上的相应点,将机构图上的力矩按原方向平移到速度图上的相应点(见图 1-10b),设 $M_1 = F_{M1} \cdot \overline{p_1 b_1}$,有

$$\sum M = 0$$

$$F_{M1} \cdot \overline{p_1 b_1} + F_1 \cdot h_1 - R_1 \cdot \overline{p_1 c_1} - F_{P1} \cdot l_1 - M_{P1} = 0$$

$$M_1 = F_{M1} \cdot \overline{p_1 b_1} = R_1 \cdot \overline{p_1 c_1} + F_{P1} \cdot l_1 + M_{P1} - F_1 \cdot h_1$$

$$= R_1 \cdot \overline{p_1 c_1} + F_{P1} \cdot l_1 + F_{P1} \cdot d_1 - F_1 \cdot p_1 b_1 \sin \alpha_1$$

$$M_{J1} = M_1 \cdot L_{AB} / \overline{p_1 b_1} \tag{1-26}$$

同理,作曲柄位于 B_2 位置时的速度图,将机构图上的诸作用力逆时针旋转 $90°$ 移到速度图上相应点,将机构图上的力矩按原方向平移到速度图上相应点(见图 1-10c),设 $M_2 = F_{M2} \cdot \overline{p_2 b_2}$,有

$$\sum M = 0$$

$$F_{M2} \cdot \overline{p_2 b_2} + F_2 \cdot h_2 - R_2 \cdot \overline{p_2 c_2} - F_{P2} \cdot l_2 - M_{P2} = 0$$

$$M_2 = F_{M2} \cdot \overline{p_2 b_2} = R_2 \cdot \overline{p_2 c_2} + F_{P2} \cdot l_2 + M_{P2} - F_2 \cdot h_2$$

$$= R_2 \cdot \overline{p_2 c_2} + F_{P2} \cdot l_2 + F_{P2} \cdot d_2 - F_2 \cdot \overline{p_2 b_2} \sin \alpha_2$$

$$M_{J2} = M_2 \cdot L_{AB} / \overline{p_2 b_2} \tag{1-27}$$

式中:M_{J1}、M_{J2}——曲柄位于 B_1 位置和 B_2 位置时的机构平衡力矩(工作力矩),N·m;

　　M_1、M_2——曲柄位于 B_1 位置和 B_2 位置时速度图上的平衡力矩(工作力矩),N·m;

F_1、F_2——曲柄位于 B_1 位置和 B_2 位置时的惯性力,N;

F_{P1}、F_{P2}——曲柄位于 B_1 位置和 B_2 位置时平衡重离心力,N;

F_{M1}、F_{M2}——构成平衡力矩 M_1 和 M_2(力偶矩)的力,N;

R_1、R_2——切割器切割作物工作阻力,N;

$\overline{p_1c_1}$、$\overline{p_2c_2}$——速度图上 c_1、c_2 点比例尺下的速度值长度,m;

$\overline{p_1b_1}$、$\overline{p_2b_2}$——速度图上 b_1、b_2 点比例尺下的速度值长度,m;

M_{P1}、M_{P2}——曲柄位于 B_1 位置和 B_2 位置时平衡重离心力力偶矩,N·m;

d_1、d_2——曲柄位于 B_1 位置和 B_2 位置时的离心力偶力臂,m;

h_1、h_2——速度图上力 F_1 和点 p_1、力 F_2 和点 p_2 的垂直距离,m;

l_1、l_2——速度图上力 F_{P1} 和点 p_1、力 F_{P2} 和点 p_2 的垂直距离,m;

L_{AB}——曲柄 AB 的长度,m;

α_1、α_2——速度图上力 F_1 和速度 v_{B1}、力 F_2 和速度 v_{B2} 的夹角。

1.5.3 往复式切割器功率消耗

往复式切割器所需功率通过下式计算:

$$N_C = M_{J\max}\omega \tag{1-28}$$

或
$$N_C = N_g + N_k = v_m B L_0 \times 10^3 + N_k \tag{1-29}$$

式中:N_C——往复式切割器所需功率,kW;

$M_{J\max}$——曲柄最大平衡力矩(工作力矩),N·m;

ω——曲柄角速度,rad/s;

N_g——切割功率,kW;

N_k——空转功率,kW;其大小与切割器安装技术状态有关,一般为 0.6~1.2;

v_m——机器作业速度,m/s;

B——机器割幅,m;

L_0——切割 1 m^2 茎秆所需的功,经测定,割小麦时 $L_0 = 100 \sim 200$ N·m/m^2;

单动刀和双动刀切割器的 RSSR 驱动机构如图 1-11 所示。

(a) 双动刀机构

(b) 单动刀机构

图 1-11　RSSR 四杆空间机构

第2章 往复式切割器摆环式驱动机构动力学分析

2.1 摆环式切割器驱动机构(RRRR 机构)的结构与工作原理

如图 2-1 所示,摆环机构是通过装在驱动轴(主轴)斜套上的摆环摆动,将回转运动转变成往复运动的切割器驱动机构。摆环机构由摆环、摆叉、主轴、摆轴、摆杆等组成,通过导杆驱动往复式切割器。和主轴一体的斜轴(轴线 $O-n$)与摆环、摆环上的两个轴销与摆叉、摆轴与机架 D、主轴与机架 D 均分为转动(rotation)副,故摆环机构又称为 RRRR 机构。

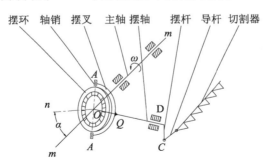

图 2-1 往复式切割器摆环式驱动机构示意图

图 2-1 中,在主轴的一端装有一个与其紧密配合的斜孔套使主轴这一端成为斜轴,斜轴中心线 $O-n$ 与主轴中心线 $m-m$ 成 α 角(结构角)。摆环通过滚动轴承装在斜孔套上,摆环的环体上设有互成 180°配置的两个轴销,摆叉与两个轴销铰接。主轴中心线 $m-m$、斜轴中心线 $O-n$ 及摆轴的轴线三线交于 O 点,因此摆环机构为空间球面机构。当斜孔套随主轴旋转时,斜孔套上通过滚动轴承连接的摆环不转,而是不断改变其中心平面的位置,绕其中心 O 做球面运动,使与其铰接的摆叉和摆轴带动摆杆往复摆动,再通过导杆驱动切割器做往复运动切割作物。

一端为斜轴的主轴旋转时,斜轴端面中心轨迹为一个空间圆,圆上有

"上、下、前、后"4个特定点。图 2-2 显示了摆环运动过程中主轴旋转于不同位置的情况：主轴起始位于 $\omega t = 0°$ 处，斜轴中心线 $O-n$ 在图面内指向下，摆环与图面垂直，轴销的轴线 $A-A$ 与垂线成倾角 α（摆环最大角位移）；主轴旋转至 $\omega t = 90°$ 时，斜轴中心线 $O-n$ 指向后，摆环与图面成 $90°-\alpha$ 倾角；主轴旋转至 $\omega t = 180°$ 时，斜轴中心线 $O-n$ 在图面内指向上，摆环又与图面垂直，轴销的轴线 $A-A$ 与垂线另一边成倾角 α；主轴旋转至 $\omega t = 270°$ 时，斜轴中心线 $O-n$ 指向前，摆环与图面成 $90°+\alpha$ 倾角。主轴旋转一周摆环回到起始位置，摆角范围为 2α。

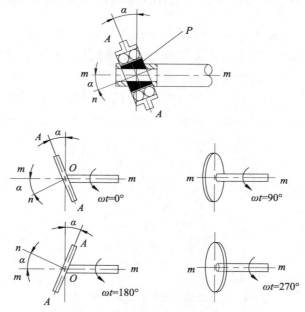

图 2-2　摆环式驱动机构斜轴结构和工作原理

2.2　摆环驱动机构运动分析

摆环驱动机构运动分析是指通过分析摆环机构主轴转角与摆叉摆角的关系，研究切割器往复运动的位移、速度和角加速度随主轴转角的变化规律。

2.2.1　摆环机构主轴转角与摆叉摆角的关系

为分析主轴转角与摆叉摆角的关系，设想有两个和摆环中心平面尺寸相同且重合的圆Ⅰ和圆Ⅱ。圆Ⅰ固定在主轴上随主轴一起以角速度 ω

回转;圆Ⅱ与轴销、摆叉、摆轴连接,轴销和摆叉一起只绕摆轴摆动。两圆的相对运动为圆上各点相对滑动但不分离。圆Ⅱ绕摆轴运动可根据其在 V 平面上的投影来分析。图 2-3 为摆环机构运动示意图,左侧 V 图中,圆Ⅱ对图面的正投影为直线;右侧 W 图中,圆Ⅰ在垂直于主轴的平面上为一椭圆。V 平面上显示圆Ⅱ中心为 O,半径为 OA'_0,A'_0 为轴销 A 在 V 平面的投影,A'_0 点沿半径为 OA'_0 的圆弧 $A_1A'_0$ 运动时,此圆弧在右侧 W 图上与椭圆垂直轴线 y 重合。$A'_0-A'_0$,A_1-A_1 是圆Ⅱ的两个极限位置(主轴位于 $\omega t=180°$,$\omega t=0°$),它们和通过 O 点的垂线的夹角均为 α。

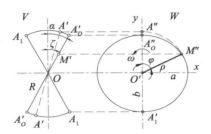

图 2-3　摆环机构运动特性

主轴以角速度 ω 开始回转,W 图上的椭圆开始回转,主轴位于 $\omega t=0°$,$\omega t=180°$ 时,椭圆长轴 $a(a=R)$ 位于水平状态,短轴 $b(b=R\cos\alpha)$ 位于垂直状态;主轴位于 $\omega t=90°$,$\omega t=270°$ 时,长轴 a 位于垂直状态,短轴 b 位于水平状态。假设在摆环上任取一点 M,它在 V 图和 W 图上的投影为 M' 和 M''。椭圆上点 M'' 可由矢径 $\rho=O'M''$ 及主轴回转 φ 角($\varphi=\omega t$)来决定:主轴回转 φ 角后,点 M'' 转到 y 轴上,此时圆Ⅱ在圆Ⅰ上滑动,轴销 A 在两个平面的投影位置将由 A'_0、A''_0 移到 A'、A''。矢径 ρ 在 W 图 y 轴上为 $O'A''$,A'' 投影到 V 图的圆弧 A'_0A_1 上为 A',OA' 和垂线的夹角 ζ 即摆环的摆度(角位移),如图 2-3 所示。

$\rho=O'A''=OA'\cos\zeta=R\cos\zeta$。$\rho$ 在直角坐标系的投影为 $x=\rho\sin\omega t$,$y=\rho\cos\omega t$,椭圆长轴 $a=R$,短轴 $b=R\cos\alpha$。将 x、y、a、b 代入椭圆方程 $x^2/a^2+y^2/b^2=1$,简化后可得

$$\rho=\frac{R}{\sqrt{1+\tan^2\alpha\cos^2\omega t}} \tag{2-1}$$

由于 $\rho=R\cos\zeta$,则

$$\cos \zeta = \frac{1}{\sqrt{1+\tan^2 \alpha \cos^2 \omega t}} \tag{2-2}$$

或
$$\tan \zeta = \tan \alpha \cos \omega t \tag{2-3}$$

式(2-2)和式(2-3)显示了角 ζ 与时间 t 的关系。摆叉角速度 $\dot{\zeta}$ 和角加速度 $\ddot{\zeta}$ 为

$$\dot{\zeta} = \frac{d\zeta}{dt} = \omega \cos^2 \zeta \sqrt{\tan^2 \alpha - \tan^2 \zeta} \tag{2-4}$$

$$\ddot{\zeta} = \frac{d\dot{\zeta}}{dt} = \omega^2 \tan \zeta \frac{1+2\tan^2 \alpha - \tan^2 \zeta}{(1+\tan^2 \zeta)^2} \tag{2-5}$$

2.2.2 切割器位移 x、速度 v_x 和加速度 a_x

图 2-4 中，l 为摆杆长度，r 为切割器 1/2 行程，摆杆往复摆动通过端点 C 驱动往复式切割器工作。根据摆环机构结构，摆杆摆角等于摆环角位移 ζ，以摆幅中点为原点 O，则切割器位移 $x=l\sin \zeta$。

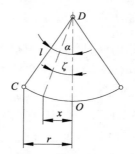

图 2-4　摆杆运动特性

根据式(2-2)和式(2-3)可求得切割器位移 x 与时间 t 的关系为

$$x = l \frac{\tan \alpha \cos \omega t}{\sqrt{1+\tan^2 \alpha \cos^2 \omega t}}$$

切割器最大位移 $x_{max} = r = l\sin \alpha$，以原点 O 左侧为负，右侧为正，则

$$x = -r\cos \omega t \frac{1}{\cos \alpha \sqrt{1+\tan^2 \alpha \cos^2 \omega t}}$$

令 $\sigma = \dfrac{1}{\cos \alpha \sqrt{1+\tan^2 \alpha \cos^2 \omega t}}$，则

$$x = -\sigma r\cos \omega t \tag{2-6}$$

切割器速度为

$$v_x = \frac{\mathrm{d}x}{\mathrm{d}t} = \omega r \sin \omega t \frac{1}{\cos \alpha (1+\tan^2 \alpha \cos^2 \omega t)^{\frac{3}{2}}}$$

令 $\mu = \dfrac{1}{\cos \alpha (1+\tan^2 \alpha \cos^2 \omega t)^{\frac{3}{2}}}$，则

$$v_x = \mu \omega r \sin \omega t \qquad (2\text{-}7)$$

切割器加速度为

$$a_x = \frac{\mathrm{d}v_x}{\mathrm{d}t} = \omega^2 r \cos \omega t \frac{1+3\tan^2 \alpha - 2\tan^2 \alpha \cos^2 \omega t}{\cos \alpha (1+\tan^2 \alpha \cos^2 \omega t)^{\frac{5}{2}}}$$

令 $\upsilon = \dfrac{1+3\tan^2 \alpha - 2\tan^2 \alpha \cos^2 \omega t}{\cos \alpha (1+\tan^2 \alpha \cos^2 \omega t)^{\frac{5}{2}}}$，则

$$a_x = \upsilon \omega^2 r \cos \omega t \qquad (2\text{-}8)$$

由式(2-6)至式(2-8)可知,摆环机构驱动的切割器位移 x、速度 v_x 和加速度 a_x 与曲柄连杆机构相比,仅分别增加参数 σ、μ、υ,而这 3 个参数都与摆环摆角 α 有关。

2.3　摆环机构动力学分析

图 2-5 所示为摆环式驱动机构受力图。

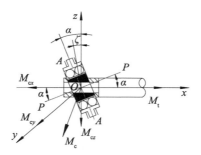

图 2-5　摆环式驱动机构受力图

图中,主轴斜孔套轴 $P\text{-}P$ 通过滚动轴承与摆环、摆环轴销与摆叉均为活动连接,不传递力矩。因此,当驱动力矩 M_t 从主轴 x 输入时,必然有一个力矩 M_c 通过 O 点作用在由 OA、OP 构成的平面上,与驱动力矩 M_t 平衡。据文献[10],平衡力矩 M_c 在 x、y、z 坐标轴上的投影分别为

$$\begin{cases} M_{cx} = (-\sin \alpha \cos \zeta \sin \omega t)\,|M_c| \\ M_{cy} = (\cos \alpha \cos \zeta + \sin \zeta \sin \alpha \cos \omega t)\,|M_c| \\ M_{cz} = (-\sin \alpha \sin \zeta \sin \omega t)\,|M_c| \end{cases} \tag{2-9}$$

式中, $|M_c|$ 为平衡力矩 M_c 的模; ω 为主轴角速度; M_{cx}, M_{cz} 用于克服摆环机构产生的阻力矩。切割器的工作阻力通过摆杆生成的阻力矩 M_1 和切割器动刀组惯性力通过摆杆生成的惯性力矩 M_2,都作用在摆轴上由 M_{cy} 平衡,即 M_{cy} 用于克服切割作物阻力矩和动刀组往复运动的惯性力矩(摆叉经摆轴传递的力矩),即

$$M_{cy} = M_1 + M_2 \tag{2-10}$$

2.3.1 摆杆端点 C 的切割作物工作阻力 R_1 和阻力矩 M_1

如图 2-4 所示,当摆杆的 ζ 角从左极限位置运动到右极限位置时,工作阻力 R 的方向从右到左;当摆杆的 ζ 角从右极限位置运动到左极限位置时,工作阻力 R 的方向从左到右。

据式(1-25)可知

$$R = \frac{z L_0 S H}{H_g}$$

$$R_1 = \frac{R}{\cos \delta} \tag{2-11}$$

式中: R_1 ——摆杆端点切割作物工作阻力,N;

δ ——导杆与切割器的夹角,(°);

其余各量含义同式(1-25)。

工作阻力通过摆杆生成阻力矩 M_1 作用于摆叉,有

$$M_1 = R_1 l \cos \zeta \tag{2-12}$$

式中: l ——摆杆长度,m;

ζ ——摆杆摆角,(°)。

2.3.2 摆杆端点 C 的切割器往复运动惯性力 F_2 和惯性力矩 M_2

切割器往复直线运动惯性力 F 为

$$F = -m a_x = -\frac{G}{g} a_x \tag{2-13}$$

据式(2-8),切割器加速度 $a_x = v\omega^2 r \cos \omega t$,作用于摆杆端点的惯性力为 F_2,即

$$F_2 = \frac{F}{\cos \delta} = -\frac{G\upsilon\omega^2 r\cos \omega t}{g\cos \delta} \tag{2-14}$$

惯性力生成的力矩 M_2 通过摆杆作用于摆叉,有

$$M_2 = F_2 l \tag{2-15}$$

式中:M_2——惯性力矩,N·m;

$\quad F_2$——作用于摆杆端点 C 的切割器惯性力,N;

$\quad G$——切割器的重量,N;

$\quad g$——重力加速度,m/s^2;

$\quad \delta$——导杆与切割器的夹角,(°);

$\quad l$——摆杆长度,m。

2.3.3　摆杆端点 C 的总阻力和总阻力矩

摆杆端点 C 的总阻力 R_Σ 为

$$R_\Sigma = R_1 + F_2 \tag{2-16}$$

摆杆端点 C 的总阻力矩 M_Σ 为

$$M_\Sigma = M_{cy} = M_1 + M_2 \tag{2-17}$$

2.3.4　平衡力矩 M_c 的模及方向余弦

根据式(2-9)可求得平衡力矩 M_c 的模,即

$$\begin{aligned} |M_c| &= \frac{M_{cy}}{\cos \beta\cos \alpha + \sin \alpha\sin \beta\cos \omega t} \\ &= \frac{M_1 + M_2}{\cos \beta\cos \alpha + \sin \alpha\sin \beta\cos \omega t} \end{aligned} \tag{2-18}$$

若平衡力矩 M_c 矢量与 x、y、z 轴的夹角分别为 β、θ、γ,则其方向余弦分别为

$$\begin{cases} \cos \beta = \dfrac{M_{cx}}{\sqrt{M_{cx}^2 + M_{cy}^2 + M_{cz}^2}} \\[3mm] \cos \theta = \dfrac{M_{cy}}{\sqrt{M_{cx}^2 + M_{cy}^2 + M_{cz}^2}} \\[3mm] \cos \gamma = \dfrac{M_{cz}}{\sqrt{M_{cx}^2 + M_{cy}^2 + M_{cz}^2}} \end{cases} \tag{2-19}$$

2.4　摆环式切割器驱动机构功率消耗

摆环式切割器驱动机构所需功率可用下式计算：

$$N_c = \frac{M_c n}{9545\eta} \qquad (2\text{-}20)$$

式中：N_c——摆环驱动机构消耗功率，kW；

　　　M_c——摆环驱动机构平衡力矩，N·m；

　　　n——摆环机构的主轴转速，r/min；

　　　η——传动效率，$\eta = 77.1\% \sim 77.8\%$。

摆环式驱动机构安装在收割台左侧，由收割台传动轴驱动，如图 2-6 所示。

图 2-6　往复切割器摆环式驱动机构

第3章 双侧驱动往复式切割器动力学分析

半喂入联合收割机割台切割器为双动刀往复式切割器,上下动刀分别由位于双侧的平面曲柄连杆机构驱动。相对于第1章所述的曲柄连杆摇杆机构(RSSR机构),其曲柄轴 O 与机架、曲柄 OA 与连杆 AB、连杆 AB 与摇杆 BD、摇杆 BD 与机架均为转动(rotation)副,即 RRRR 机构,如图3-1所示。

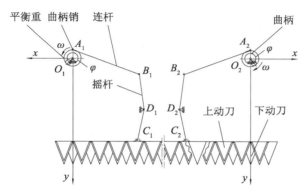

图3-1 双侧平面曲柄连杆机构驱动往复式切割器示意图

半喂入联合收割机割台每组曲柄连杆机构工作时,除了受工作阻力和摩擦力的作用之外,还受到惯性力的作用,所有阻力由驱动力平衡。

3.1 双侧驱动往复式切割器惯性力

3.1.1 曲柄连杆机构和往复式切割器惯性力

如第1章所述,曲柄连杆机构和往复式切割器的惯性力可合成后转化为作用于曲柄销 A_1、A_2 的惯性力 F_{A1}、F_{A2} 及垂直作用于连杆端点 B_1、B_2 的惯性力 N_{B1}、N_{B2}。

3.1.2 曲柄连杆摇杆平面机构惯性力平衡

通过在曲柄轮上安装平衡重,可部分平衡曲柄连杆摇杆机构的惯性

力。平衡重质心位置如第 1 章 1.3.6 节所述。当曲柄轴回转时,平衡重产生的离心力和平衡重质量由下式表示:

$$F_p = m_p r_p \omega^2 \tag{3-1}$$

$$m_p = \frac{F_p}{r_p \omega^2} \tag{3-2}$$

式中:F_p——平衡重产生的离心力,N;

m_p——平衡重质量,kg;

r_p——曲柄轴中心至平衡重质心的距离,m;

ω——曲柄回转角速度,rad/s。

3.2 双侧驱动往复式切割器切割作物工作阻力

平面曲柄连杆摇杆机构驱动切割器切割作物时,受到切割器切割作物工作阻力 R 和切割器摩擦力的作用。在切割器调整良好的情况下,摩擦力可忽略不计。切割作物工作阻力 R 通过摇臂机构 CDB 传递到摇杆 BD 的端点 B,切割作物工作阻力 R 可由下式求得:

$$R = \frac{z L_0 SH}{H_g} \tag{3-3}$$

式中:L_0——每个动刀片切割 1 m² 稻麦茎秆消耗的功(据测定,$L_0 = 100 \sim$ 200 N·m/m²);

S——切割器动刀行程,m;

H——切割器进距,动刀一个行程机器前进的距离,m;

H_g——切割器进距中用于切割的距离,m(经计算,单动刀该距离为 0.37H,双动刀该距离为 0.68H);

z——切割器动刀组刀片数。

3.3 曲柄连杆平面机构动力学分析

3.3.1 机构受力

如上所述,机器作业时曲柄连杆机构主要受到 4 种力的作用:切割作物工作阻力 R;曲柄连杆机构和切割装置惯性力 F 和 N;平衡重离心力 F_p;切割装置驱动力矩(平衡力矩)M_J。4 种外力相互平衡,每组曲柄连杆机构和切割器的受力如图 3-2 下部机构图所示。

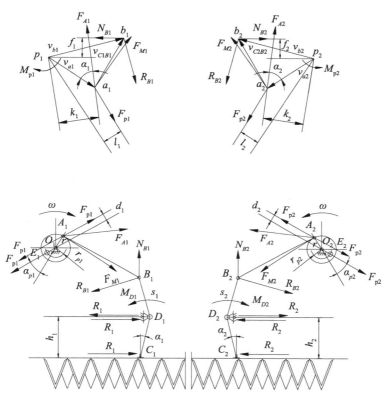

图 3-2　双侧平面曲柄连杆机构驱动往复式切割器受力及平衡力矩

（1）切割器切割作物工作阻力 R_1、R_2

R_1、R_2 作用于点 C_1、C_2，将 R_1、R_2 从点 C_1、C_2 简化到点 D_1、D_2 之后，生成力矩 M_{D1}、M_{D2}，M_{D1}、M_{D2} 在 B_1、B_2 点生成 R_{B1}、R_{B2}，它们有如下关系：

$$\begin{cases} M_{D1} = R_1 h_1 = R_{D1} s_1 \\ M_{D2} = R_2 h_2 = R_{D2} s_2 \end{cases} \quad (3-4)$$

其中，

$$R_{B1} = \frac{M_{D1}}{s_1} = \frac{R_1 h_1}{s_1}$$

$$R_{B2} = \frac{M_{D2}}{s_2} = \frac{R_2 h_2}{s_2}$$

式中：h_1/h_2——摇杆 $C_1 D_1/C_2 D_2$ 的垂直距离，m；$h_1 = C_1 D_1 \cos \alpha_1$，$h_2 = C_2 D_2 \cos \alpha_2$；$C_1 D_1 = C_2 D_2$，$\alpha_1 = \alpha_2$，$h_1 = h_2$。

s_1/s_2——摇杆 $B_1 D_1/B_2 D_2$ 的长度，m；$s_1 = s_2$。

（2）曲柄连杆机构和切割装置惯性力 F

和切割作物工作阻力 R 一样，切割装置惯性力简化到点 B_1、B_2 后与连杆惯性力合成转化为作用于点 A_1、A_2 的惯性力 F_{A1}、F_{A2} 和垂直作用于连杆端点 B_1、B_2 的惯性力 N_{B1}、N_{B2}。

（3）平衡重离心力 F_p

平衡重与曲柄位于同一刚体曲柄轮上，将作用于平衡重质心 E 的 F_p 简化到曲柄端点 A，其惯性效果为主矢量 F_p 和惯性力偶矩 M_p，曲柄位于 A_1 位置为 F_{p1} 和 M_{p1}，曲柄位于 A_2 位置为 F_{p2} 和 M_{p2}，$M_{p1} = F_{p1} \cdot d_1$，$M_{p2} = F_{p2} \cdot d_2$。

（4）切割装置驱动力矩（平衡力矩）M_J

机构图上以 $F_{M1} \cdot L_{O1A1} = M_{J1}$，$F_{M2} \cdot L_{O2A2} = M_{J2}$；速度图上以 $F_{M1} \cdot \overline{p_1 a_1} = M_1$，$F_{M2} \cdot \overline{p_2 a_2} = M_2$。

3.3.2　机构动力学分析

根据虚位移原理，具有理想约束的系统处于平衡状态时，所有作用于该系统的一切外力在任何虚位移中的元功之和为零。利用已求得的 v_{a1}、v_{a2}，作曲柄位于 A_1、A_2 位置时的曲柄连杆机构速度图（图 3-2 上部），根据茹柯夫斯基杠杆法，将机构图中的诸力逆时针（上部左图）和顺时针（上部右图）旋转 90° 移到速度图相应点上，将机构图（图 3-2 下部）上的力矩按原方向移到速度图相应点上，可求得作用于机构上的驱动力（平衡力）F_{M1}、F_{M2}，进而求得驱动力矩（平衡力矩）M_1、M_2。根据曲柄位于 A_1 点的速度图，有

$$\sum M = 0$$

$$F_{M1} \cdot \overline{p_1 a_1} + F_{A1} \cdot k_1 + N_{B1} \cdot f_1 - F_{p1} \cdot l_1 - R_{B1} \cdot \overline{p_1 b_1} - M_{p1} = 0$$

$$F_{M1} = \frac{R_{B1} \cdot \overline{p_1 b_1} + F_{p1} \cdot l_1 + M_{p1} - F_{A1} \cdot k_1 - N_{B1} \cdot f_1}{\overline{p_1 a_1}}$$

$$= \frac{R_{B1} \cdot \overline{p_1 b_1} + F_{p1} \cdot l_1 + F_{p1} \cdot d_1 - F_{A1} \cdot \overline{p_1 a_1} \sin \alpha_1 - N_{B1} \cdot f_1}{\overline{p_1 a_1}}$$

$$M_{J1} = F_{M1} \cdot L_{O1A1} = M_1 \cdot \frac{L_{O1A1}}{\overline{p_1 a_1}} \tag{3-5}$$

同理,根据曲柄位于 A_2 点的速度图,有

$$\sum M = 0$$

$$F_{M2} \cdot \overline{p_2 a_2} + F_{A2} \cdot k_2 + N_{B2} \cdot f_2 - F_{p2} \cdot l_2 - R_{B2} \cdot \overline{p_2 b_2} - M_{p2} = 0$$

$$F_{M2} = \frac{R_{B2} \cdot \overline{p_2 b_2} + F_{p2} \cdot l_2 + M_{p2} - F_{A2} \cdot k_2 - N_{B2} \cdot f_2}{\overline{p_2 a_2}}$$

$$= \frac{R_{B2} \cdot \overline{p_2 b_2} + F_{p2} \cdot l_2 + F_{p2} \cdot d_2 - F_{A2} \cdot \overline{p_2 a_2} \sin \alpha_2 - N_{B2} \cdot f_2}{\overline{p_2 a_2}}$$

$$M_{J2} = F_{M2} \cdot L_{O2A2} = M_2 \cdot \frac{L_{O2A2}}{\overline{p_2 a_2}} \tag{3-6}$$

式中:M_{J1}、M_{J2}——作用于机构图上的驱动力矩(平衡力矩),N·m;

M_1、M_2——速度图上的驱动力矩(平衡力矩),N·m;

R_{B1}、R_{B2}——切割器切割作物工作阻力,N;

F_{A1}、F_{A2}——曲柄连杆机构和切割装置惯性力合力的分力,N;

N_{B1}、N_{B2}——曲柄连杆机构和切割装置惯性力合力的垂直分力,N;

F_{p1}、F_{p2}——曲柄连杆机构平衡重离心力,N;

$\overline{p_1 b_1}$、$\overline{p_2 b_2}$——机构图上 B_1 点的速度 v_{b1}、B_2 点的速度 v_{b2} 在速度图上的线段长度,m;

$\overline{p_1 a_1}$、$\overline{p_2 a_2}$——机构图上 A_1 点的速度 v_{a1}、A_2 点的速度 v_{a2} 在速度图上的线段长度,m;

f_1、f_2——速度图上 N_{B1} 与 p_1、N_{B2} 与 p_2 点的距离,m;

l_1、l_2——速度图上 F_{p1} 与 p_1、F_{p2} 与 p_2 点的距离,m;

M_{p1}、M_{p2}——平衡重惯性力偶矩,N·m;

d_1、d_2——机构图上惯性力偶矩力臂,m;

L_{O1A1}、L_{O2A2}——机构图上曲柄半径,m;

α_1、α_2——速度图上 F_{A1} 与 $\overline{p_1 a_1}$、F_{A2} 与 $\overline{p_2 a_2}$ 的夹角,(°);

k_1、k_2——速度图上 F_{A1} 与 p_1、F_{A2} 与 p_2 点的距离,m。

3.4　双侧驱动机构功率消耗

$$N_C = 2M_{max}\omega \tag{3-7}$$

或
$$N_C = 2(N_g + N_k) = 2(v_m B L_0 \times 10^3 + N_k) \tag{3-8}$$

式中：N_C——往复式切割器所需功率，kW；

M_{max}——曲柄最大平衡力矩（工作力矩），N·m；

ω——曲柄角速度，rad/s；

N_g——单侧切割功率，kW；

N_k——单侧空转功率，与切割器安装技术状态有关，一般为 0.6～1.2 kW；

v_m——机器作业速度，m/s；

B——机器割幅，m；

L_0——切割茎秆所需的功（经测定，割小麦时 L_0 在 100～200 N·m/m² 范围内）。

半喂入联合收割机割台双侧驱动机构两侧曲柄连杆机构（见图 3-3）的转动方向相反，分别驱动上、下动刀组使其相向运动，切割器往复运动产生的惯性力方向相反且互相抵消。由于每组曲柄连杆机构都配有平衡重，平衡了大部分惯性力，因此切割器工作时机器振动减轻，使动刀杆的跳动减轻，从而减少了摩擦功耗，减少了空转功率。

图 3-3　半喂入联合收割机双侧曲柄连杆机构

第4章 单速轴流式脱粒装置动力学分析

全喂入和半喂入联合收割机一般采用单速脱粒滚筒,即脱粒滚筒为一个转速。脱粒装置工作时,水稻籽粒在脱粒装置中脱粒、分离。脱粒滚筒机构、被脱粒物质点在喂入螺旋和脱粒装置中的动力学分析如下。

4.1 单速轴流式脱粒滚筒动力学方程

单速脱粒滚筒工作时,驱动脱粒滚筒的功率用于克服各种阻力并对作物进行脱粒。根据达朗贝尔原理,主动力、摩擦阻力、空气阻力、工作阻力和惯性力互相平衡,因此各力与其作用半径所构成的力矩也互相平衡。脱粒滚筒动力学非线性微分方程如下式所示:

$$M_D - (A + B\omega^2) - \zeta \frac{qvR}{1-f} = J \frac{d\omega}{dt} \tag{4-1}$$

式中: M_D ——脱粒滚筒驱动力矩, N·m;

J ——脱粒滚筒转动惯量, kg·m²;

$\dfrac{d\omega}{dt}$ ——脱粒滚筒角加速度, rad/s²;

ω ——脱粒滚筒角速度, rad/s;

A ——系数,与轴承种类和传动方式有关, $A = 0.4 \times 10^{-2}$ (PS·s)[①];

B ——系数,与脱粒滚筒转动时的迎风面积有关,钉齿滚筒 $B = 0.64 \times 10^{-6}$ (PS·s³);

ζ ——修正系数;

q ——水稻喂入量, kg/s;

v ——脱粒滚筒齿顶圆周速度, m/s;

f ——水稻通过脱粒凹板间隙时的综合摩擦系数;

R ——脱粒滚筒半径, m。

---

① PS 是指马力,1 kW = 1.36 PS。

4.2 被脱粒物质点动力学分析

4.2.1 被脱粒物质点 M 在喂入螺旋 r-θ-z 坐标系中的动力学微分方程

半喂入联合收割机和纵轴流全喂入联合收割机的脱粒滚筒前部均设有喂入螺旋。作物脱粒时,单位质点物料受到螺旋导向叶片推力 F_V 及其摩擦力 $\mu_V F_V$,螺旋导向叶片反力 F_C 及其摩擦力 $\mu_C F_C$,以及自身重力 mg 等的作用。建立随脱粒滚筒转动的圆柱坐标系 r-θ-z,原点固定在圆心上。 r、θ、z 分别表示单位质点物料 M 的运动参数在脱粒滚筒径向、转角和轴向的数值。单位质点物料 M 在脱粒滚筒喂入螺旋径向 r、转角 θ 和轴向 z 的受力如图 4-1、图 4-2 所示。

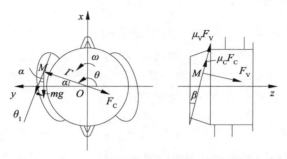

图 4-1 质点 M 在半喂入脱粒滚筒喂入螺旋 r-θ-z 坐标系中的受力示意图

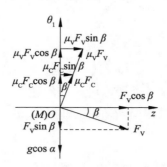

图 4-2 质点 M 在 θ、z 方向的受力示意图

根据单位质点物料($m=1$)各力在该坐标系的投影,求出各力在 r、θ、z 方向的分量,如表 4-1 所示。

表 4-1　各力在 r、θ、z 方向的分量

作用力	r 方向分量	θ 方向分量	z 方向分量
mg	$-g\sin\alpha$	$-g\cos\alpha$	0
F_{V}	0	$-F_{\mathrm{V}}\sin\beta$	$F_{\mathrm{V}}\cos\beta$
$\mu_{\mathrm{V}}F_{\mathrm{V}}$	0	$\mu_{\mathrm{V}}F_{\mathrm{V}}\cos\beta$	$\mu_{\mathrm{V}}F_{\mathrm{V}}\sin\beta$
F_{C}	$-F_{\mathrm{C}}$	0	0
$\mu_{\mathrm{C}}F_{\mathrm{C}}$	0	$\mu_{\mathrm{C}}F_{\mathrm{C}}\cos\beta$	$\mu_{\mathrm{C}}F_{\mathrm{C}}\sin\beta$

分别建立单位质点物料 M 位于 r、θ_1、z 方向的动力学微分方程,根据达朗贝尔原理可知,

$$\begin{cases} r\dot{\theta}^2 = -F_{\mathrm{C}} - g\sin\alpha \\ r\ddot{\theta} = \mu_{\mathrm{C}}F_{\mathrm{C}}\cos\beta - g\cos\alpha - F_{\mathrm{V}}(\sin\beta - \mu_{\mathrm{V}}\cos\beta) \\ \ddot{z} = F_{\mathrm{V}}\cos\beta + \mu_{\mathrm{V}}F_{\mathrm{V}}\sin\beta + \mu_{\mathrm{C}}F_{\mathrm{C}}\sin\beta \end{cases} \quad (4\text{-}2)$$

$$\begin{cases} F_{\mathrm{C}} = -r\dot{\theta}^2 - g\sin\alpha \\ F_{\mathrm{V}} = \dfrac{\mu_{\mathrm{C}}F_{\mathrm{C}}\cos\beta - g\cos\alpha - r\ddot{\theta}}{\sin\beta - \mu_{\mathrm{V}}\cos\beta} \end{cases} \quad (4\text{-}3)$$

式中:$r\dot{\theta}^2$——离心力,单位质点物料质量 1 和法向加速度 $r\dot{\theta}^2$ 的乘积,N;

$r\ddot{\theta}$——切向力,单位质点物料质量 1 和切向加速度 $r\ddot{\theta}$ 的乘积,N;

$\ddot{z}$——轴向力,单位质点物料质量 1 和轴向加速度 $\ddot{z}$ 的乘积,N;

$g\sin\alpha$、$g\cos\alpha$——单位质点物料质量 1 和重力加速度 g 乘积的分量,N。

4.2.2　被脱粒物质点 M 在凹板侧 r-θ-z 坐标系中的动力学微分方程

图 4-3 所示为被脱粒物质点 M 在单速脱粒装置中的受力图和速度图。

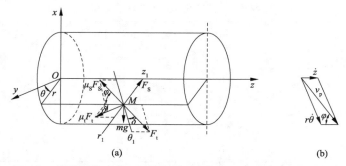

图 4-3　被脱粒物质点 M 在单速脱粒装置中的受力图和速度图

图 4-3a 中，r-θ-z 为与被脱粒物以同一角速度回转的圆柱坐标系，原点固定在圆心 O 上。r_1、θ_1、z_1 分别表示被脱粒物质点 M 在该位置的径向位移、角位移和轴向位移，mg 为被脱粒物质点 M 的重量，F_t 为脱粒齿对被脱粒物质点 M 的作用力，$\mu_t F_t$ 为脱粒齿对被脱粒物质点 M 的摩擦阻力；F_S 为被脱粒物质点 M 所受凹板表面反力，$\mu_S F_S$ 为被脱粒物质点 M 所受凹板表面摩擦阻力；μ_t 为被脱粒物质点 M 对脱粒齿的动摩擦系数，μ_S 为凹板表面对被脱粒物质点 M 的摩擦系数，取 $\mu_t = \mu_S = 0.35$；δ 为脱粒齿的工作角，φ 为摩擦阻力 $\mu_S F_S$ 与凹板母线的夹角，$\dot\theta$ 为被脱粒物质点 M 的角速度，$\ddot\theta$ 为被脱粒物质点 M 的角加速度。图 4-3b 中，$\dot z$ 为被脱粒物质点 M 的轴向速度，$r\dot\theta$ 为被脱粒物质点 M 的切向速度，v_p 为被脱粒物质点 M 的绝对速度。根据各力在 r、θ、z 方向的投影，可建立单位质量物质点 $M(m=1)$ 回转凹板侧的动力学微分方程。根据达朗贝尔原理有

$$\begin{cases} -r\dot\theta^2 = g\sin\theta - F_S \\ r\ddot\theta = g\cos\delta - \mu_S F_S \sin\varphi + F_t(\cos\delta + \mu_t\sin\delta) \\ \ddot z = -\mu_S F_S \cos\varphi + (\sin\delta - \mu_t\cos\delta)F_t \end{cases} \tag{4-4}$$

$$F_S = r\dot\theta^2 + g\sin\theta \tag{4-5}$$

其中，
$$F_t = \frac{m'\lambda v\sin\gamma}{(1-f)\cos\varphi} \tag{4-6}$$

$$\varphi = \tan^{-1}\left(\frac{r\dot\theta}{\dot z}\right) \tag{4-7}$$

$$\delta = K_1 \left(\frac{\pi}{2} - \psi \right) L_t K_2 \tag{4-8}$$

式中：$r\dot\theta^2$——离心力，单位质点物料质量 1 和法向加速度 $r\dot\theta^2$ 的乘积，N；

$r\ddot\theta$——切向力，单位质点物料质量 1 和切向加速度 $r\ddot\theta$ 的乘积，N；

$\ddot z$——轴向力，单位质点物料质量 1 和轴向加速度 $\ddot z$ 的乘积，N；

$g\sin\theta$、$g\cos\theta$——单位质点物料质量 1 和重力加速度 g 乘积的分量，N；

ψ——弓齿排列螺旋角，(°)；

L_t——脱粒齿导程，m；

m'——单位时间喂入谷物质量，kg/s；

λ——被脱粒物圆周速度修正系数；

v——脱粒滚筒齿顶圆周速度，m/s；

γ——滚筒盖导向板螺旋角，(°)；

φ——作物与导向板摩擦角，(°)；

f——搓擦系数，取 0.75；

K_1、K_2——实验系数，$K_1 = 0.417\exp(-25\alpha^2)$，$\alpha$ 为脱粒滚筒圆锥角，$\alpha = 0°$ 时，$K_1 = 1$，$K_2 = -0.1$。

4.3 单速轴流式脱粒滚筒功率消耗

当喂入量恒定时，杆齿差速轴流式滚筒功率消耗由下式求得：

$$N_D = A\omega + B\omega^3 + \zeta \frac{qv^2}{1-f} \tag{4-9}$$

式中：N_D——均匀喂入时单速脱粒滚筒功率消耗，kW；

ω——脱粒滚筒角速度，rad/s；

ζ——修正系数；

q——脱粒滚筒喂入量，kg/s；

v——脱粒滚筒齿顶圆周速度，m/s；

f——搓擦系数，取 0.75；

$A\omega + B\omega^3$——脱粒滚筒空载功率消耗，PS。

按照 B. П. 郭辽契金脱粒滚筒理论，脱粒滚筒空载时（克服有害阻力）消耗的功率随滚筒速度的三次方呈抛物线变化，其值为 $A\omega + B\omega^3$，A、B 为经验系数。根据 M. A. 普式兑金的实验，系数 A 与轴承种类和传动方式有关,钉齿滚筒 $A=0.4\times10^{-2}(\text{PS}\cdot\text{s})$;系数 B 与脱粒滚筒转动时的迎风面积有关,钉齿滚筒 $B=0.64\times10^{-6}(\text{PS}\cdot\text{s})$。横轴流、纵轴流和半喂入三种单速脱粒滚筒的三维模型如图 4-4 所示。

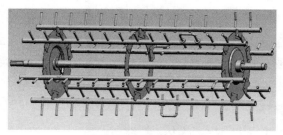

(a) 横轴流单速杆齿脱粒滚筒

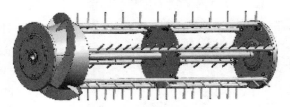

(b) 纵轴流单速杆齿脱粒滚筒

(c) 半喂入单速弓齿脱粒滚筒

图 4-4　三种单速脱粒滚筒的三维模型

第 5 章　差速轴流式脱粒装置动力学分析

5.1　全喂入横轴流差速脱粒装置动力学分析

5.1.1　差速脱粒滚筒动力学方程

同轴差速低/高速滚筒由不同的转轴驱动,且结构参数和工作参数不同。根据达朗贝尔原理,主动力、摩擦阻力、空气阻力、工作阻力和惯性力互相平衡,因此各力与其作用半径所构成的力矩也互相平衡。同轴差速低/高速滚筒动力学非线性微分方程如下式所示:

$$M_Z - (A_1 + A_2) - (B\omega_1^2 + B\omega_2^2) - \left(\zeta_1 \frac{q_1 v_1 R_1}{1-f_1} + \zeta_2 \frac{q_2 v_2 R_2}{1-f_2}\right) - \left(J_1 \frac{d\omega_1}{dt} + J_2 \frac{d\omega_2}{dt}\right) = 0$$

$$(5\text{-}1)$$

式中:M_Z——差速滚筒驱动力矩,$M_Z = M_1 + M_2$,M_1、M_2 为低速滚筒和高速滚筒的驱动力矩,N·m;

J_1、J_2——低速滚筒、高速滚筒转动惯量,kg·m^2;

$\dfrac{d\omega_1}{dt}$、$\dfrac{d\omega_2}{dt}$——低速滚筒、高速滚筒角加速度,rad/s^2;

ω_1、ω_2——低速滚筒、高速滚筒角速度,rad/s;

$B\omega_1^2$、$B\omega_2^2$——低速滚筒、高速滚筒转动时产生的阻力矩,其大小与迎风面积有关,N·m;

A_1、A_2——低速滚筒、高速滚筒轴承内摩擦产生的阻力矩,其大小与轴承种类和传动方式有关,N·m;

q_1、q_2——低速滚筒、高速滚筒喂入量,kg/s;

v_1、v_2——低速滚筒、高速滚筒齿顶圆周速度,m/s;

R_1、R_2——低速滚筒、高速滚筒半径,m,$R_1 = R_2$;

f_1、f_2——被脱粒物通过低速滚筒、高速滚筒脱粒间隙时的综合搓擦系数;

ζ_1、ζ_2——低速滚筒、高速滚筒修正系数。

5.1.2 被脱粒物质点动力学分析

（1）被脱粒物单位质点 M 在差速脱粒装置凹板侧受力（见图 5-1）

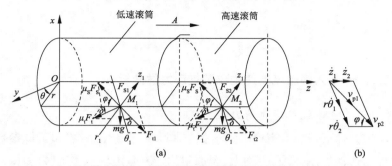

图 5-1　被脱粒物质点 M 在差速脱粒装置凹板侧的受力图和速度图

（2）被脱粒物质点 M 在差速脱粒装置凹板侧 r-θ-z 坐标系中的动力学微分方程

在图 5-1a 中，r-θ-z 为与被脱粒物以同一角速度回转的圆柱坐标系，原点固定在圆心上。r_1、θ_1、z_1 分别表示被脱粒物质点 M 在某位置的径向位移、角位移和轴向位移，mg 为被脱粒物质点 M 的重量；F_{t1}/F_{t2} 为脱粒齿对被脱粒物质点 M 的作用力，$\mu_t F_{t1}/\mu_t F_{t2}$ 为低速滚筒/高速滚筒因 F_{t1}/F_{t2} 生成的对被脱粒物质点 M 的摩擦阻力；F_{S1}/F_{S2} 为被脱粒物质点 M 所受的低速滚筒/高速滚筒凹板表面反力，$\mu_S F_{S1}/\mu_S F_{S2}$ 为低速滚筒/高速滚筒因 F_{S1}/F_{S2} 使被脱粒物质点 M 所受的凹板表面摩擦阻力；μ_t 为质点 M 对脱粒齿的动摩擦系数，μ_S 为凹板表面对质点 M 的摩擦系数，取 $\mu_t = \mu_S = 0.35$；δ 为脱粒齿的工作角，（°）；φ 为摩擦阻力 $\mu_S F_S$ 与凹板母线的夹角，（°）；r 为被脱粒物质点 M 的径向位移，$\dot{\theta}$ 为被脱粒物质点 M 的角速度，$\ddot{\theta}$ 为被脱粒物质点 M 的角加速度。图 5-1b 中，$\dot{z}_1$、$\dot{z}_2$ 为被脱粒物质点 M_1、M_2 的轴向速度；$r\dot{\theta}_1$、$r\dot{\theta}_2$ 为被脱粒物质点 M_1、M_2 的切向速度；v_{p1}、v_{p2} 为被脱粒物质点 M_1、M_2 的绝对速度。根据各力在 r_1、θ_1、z_1 方向的投影，可建立位于高速滚筒/低速滚筒中单位质量物质点 $M(m=1)$ 的动力学微分方程，根据达朗贝尔原理有

$$\begin{cases} -r\dot{\theta}_1^2 = g\sin\theta - F_{S1} \\ r\ddot{\theta}_1 = g\cos\delta - \mu_S F_{S1}\sin\varphi + F_{t1}(\cos\delta + \mu_t\sin\delta) \\ \ddot{z}_1 = -\mu_S F_{S1}\cos\varphi + (\sin\delta - \mu_t\cos\delta)F_{t1} \end{cases} \quad (5\text{-}2)$$

$$\begin{cases} -r\dot{\theta}_2^2 = g\sin\theta - F_{S2} \\ r\ddot{\theta}_2 = g\cos\delta - \mu_S F_{S2}\sin\varphi + F_{t2}(\cos\delta + \mu_t\sin\delta) \\ \ddot{z}_2 = -\mu_S F_{S2}\cos\varphi + (\sin\delta - \mu_t\cos\delta)F_{t2} \end{cases} \quad (5\text{-}2')$$

其中，
$$\begin{cases} F_{S1} = r\dot{\theta}_1^2 + g\sin\theta \\ F_{S2} = r\dot{\theta}_2^2 + g\sin\theta \end{cases} \quad (5\text{-}3)$$

$$\begin{cases} F_{t1} = \dfrac{m'_1\lambda v_1\sin\gamma}{(1-f)\cos\alpha} \\[3mm] F_{t2} = \dfrac{m'_2\lambda v_2\sin\gamma}{(1-f)\cos\alpha} \end{cases} \quad (5\text{-}4)$$

$$\varphi = \tan^{-1}\left(\frac{r\dot{\theta}}{\dot{z}}\right) \quad (5\text{-}5)$$

$$\delta = K_1\left(\frac{\pi}{2} - \psi\right)L_t K_2 \quad (5\text{-}6)$$

式中：$r\dot{\theta}_1^2$、$r\dot{\theta}_2^2$——低速滚筒、高速滚筒的离心力，为单位质点物料质量 1 和法向加速度 $r\dot{\theta}^2$ 的乘积，N；

$r\ddot{\theta}_1$、$r\ddot{\theta}_2$——低速滚筒、高速滚筒的切向力，为单位质点物料质量 1 和切向加速度 $r\ddot{\theta}$ 的乘积，N；

$\ddot{z}_1$、$\ddot{z}_2$——低速滚筒、高速滚筒的轴向力，为单位质点物料质量 1 和轴向加速度 $\ddot{z}$ 的乘积，N；

ψ——弓齿排列螺旋角，(°)；

$g\sin\theta$、$g\cos\theta$——单位质点物料质量 1 和重力加速度 g 乘积的分量，N；

L_t——脱粒齿导程，m；

m'_1、m'_2——低速滚筒、高速滚筒单位时间喂入谷物的质量，kg/s；

v_1、v_2——低速滚筒、高速滚筒齿顶圆周速度,m/s;

λ——被脱粒物圆周速度修正系数;

γ——滚筒盖导向板螺旋角,(°);

f——搓擦系数,取 0.75;

K_1、K_2——实验系数,$K_1 = 0.417\exp(-25\alpha^2)$,α 为脱粒滚筒圆锥角,α = 0°时,$K_1 = 1$,$K_2 = -0.1$。

5.1.3 差速轴流式滚筒变质量脱粒分析

(1)变质量脱粒物料所受的打击力

水稻作物在差速轴流式滚筒脱粒过程中,边脱粒籽粒边从栅格凹板分离出去,滚筒中被脱物料的质量不断发生变化,是一个变质量系统。另外,被脱物料质量沿轴向各处不同,被脱物料质点所受的打击力也不同,所消耗的功率也不同。根据变质量质心运动定律矢量式,在时刻 t 质量为 m 的被脱物料所受打击力的矢量方程为

$$m\dot{\boldsymbol{v}}_c = \boldsymbol{F}_{p1} = \boldsymbol{F}_1 - \boldsymbol{F}_{\Delta 1} \tag{5-7}$$

式中:m——在时刻 t 被脱物料质量,kg;

$\dot{\boldsymbol{v}}_c$——被脱粒物料 m 质心的加速度,m/s^2;

$\boldsymbol{F}_{p1}$——在时刻 t 被脱物料质心所受的打击力,N;

$\boldsymbol{F}_1$——被脱粒物料分离前质心所受的打击力,N;

$\boldsymbol{F}_{\Delta 1}$——被分离物料质心所受的打击力,N。

被脱物料质心所受的打击力的矢量方程坐标式可表示为

$$F_{p1} = F_1 - F_{\Delta 1} = \frac{q_1 v_1}{1-f} - \frac{\Delta q_1 v_1}{1-f} \tag{5-8}$$

式中:q_1——被脱物料喂入量,kg/s;

v_1——脱粒滚筒圆周速度,m/s;

Δq_1——在时刻 t 喂入量已分离部分,kg/s;

f——搓擦系数。

(2)变质量脱粒物料的脱粒功耗

变质量脱粒物料的脱粒功耗用下式计算:

$$N_{p1} = N_1 - N_\Delta = \frac{q_1 v_1^2}{1-f} - \frac{\Delta q_1 v_1^2}{1-f} \tag{5-9}$$

式中:N_{p1}——在时刻 t 被脱物料的脱粒功耗,kW;

N_1——脱粒物料分离前的脱粒功耗,kW;

N_Δ——消耗于在时刻 t 分离物料的脱粒功耗,kW。

5.1.4　横轴流差速滚筒变质量工况下各段待脱作物量

（1）脱粒分离籽粒轴向分布的数学模型

根据联合收割机横轴流差速滚筒实验数据,采用三次样条插值法,用 MATLAB 离散余弦傅氏分析法建立了经栅格凹板分离籽粒轴向分布的数学模型。根据模型可求得从某块导向板"复盖"下的轴向 x 处经栅格凹板分离的籽粒质量的百分比。分离籽粒轴向分布数学模型为

$$y_x = y_0 + A_1\cos\left(\frac{2\pi x}{\lambda} - \alpha_1\right) + A_2\cos\left(\frac{4\pi x}{\lambda} - \alpha_2\right) - A_4\cos\left(\frac{8\pi x}{\lambda} - \alpha_4\right) - A_5\cos\left(\frac{10\pi x}{\lambda} - \alpha_5\right)$$

（5-10）

式中:y_x——差速滚筒轴向 x 处栅格凹板分离籽粒的百分比,%;

　　　y_0——理想机优化值,$y_0 = 16.40$;

　　　A_i——设计原因影响因子,$A_i = 18.00 \sim 3.50$;

　　　α_i——制造精度影响因子,$\alpha_i = 0.15 \sim 0.73$;

　　　λ——操作技术影响因子,$\lambda = 1830.5$。

（2）各段待脱作物量（喂入量）中的籽粒质量

根据籽粒轴向分布数学模型求得轴向 x 处从栅格凹板分离的籽粒质量（x 所在区段的集中质量）为

$$g_x = y_x g_s \tag{5-11}$$

x 处之前累计已分离的籽粒质量为

$$g_\Sigma = \Sigma g_x \tag{5-11'}$$

式中:g_x——差速滚筒轴向 x 处栅格凹板分离籽粒的质量,kg/s;

　　　x——分离籽粒质量计算点,mm;

　　　y_x——差速滚筒轴向 x 处栅格凹板分离籽粒的百分比,%;

　　　g_s——设计喂入量中籽粒质量,kg/s $\left(g_s = q_s \dfrac{1}{1+\gamma}, q_s \text{ 为设计喂入量},\right.$

γ 为草谷比$\Big)$;

　　　g_Σ——x 处之前累计已分离的籽粒质量,kg/s;

　　　Σ——分离籽粒质量累计数,$\Sigma = 1,2,3,\cdots$。

单位喂入量 1 kg/s 由包括茎秆和籽粒等数个小单体组成,每个小单体的单位均记为 kg/s。

(3)各段待脱作物量(喂入量)中的茎秆质量

脱粒过程中作物茎秆不断损耗(包括水分),由于清选风扇的作用,茎秆质量不断减少。据测定,横轴流全喂入联合收割机损耗的茎秆质量约占喂入脱粒滚筒茎秆质量的 20%。作物在轴流式滚筒中边旋转边脱粒,设脱粒滚筒平均每旋转 1 圈作物茎秆的损耗系数为 Δ_s,则脱粒滚筒转动 n 圈累计已损耗的茎秆质量为

$$j_n = n\Delta_s j_s \tag{5-12}$$

式中:j_n——脱粒滚筒转动 n 圈累计已损耗的茎秆质量,kg/s;

j_s——设计喂入量中茎秆质量,kg/s $\left(j_s = q_s \dfrac{\gamma}{1+\gamma}, q_s \text{ 为设计喂入量,} \right.$

γ 为草谷比 $\Big)$;

n——作物茎秆在脱粒滚筒的回转圈数,$n = 1, 2, 3, \cdots$;

Δ_s——脱粒滚筒平均每旋转 1 圈作物茎秆的损耗系数,%,取 $\Delta_s = 4\%$。

(4)各段待脱作物量(喂入量)

差速滚筒轴向 x 处待脱作物量可用下式表示:

$$q_x = q_s - (g_\Sigma + j_n) = q_s - \left[\Sigma(y_x g_s) + n\Delta_s j_s \right] \tag{5-13}$$

式中:q_x——差速滚筒轴向 x 处的待脱作物量,kg/s;

q_s——设计喂入量,kg/s;

g_Σ——差速滚筒轴向 x 处之前累计已分离的籽粒质量,kg/s;

j_n——脱粒滚筒转动 n 圈累计已损耗的茎秆质量,kg/s。

5.1.5 杆齿差速轴流式滚筒的功率消耗

杆齿差速轴流式滚筒的功耗由下式表示:

$$N_{GZ} = \left(A\omega_d + B\omega_d^3 + \zeta_d \frac{q_d v_d^2}{1-f_d} \right) + \left(A\omega_g + B\omega_g^3 + \zeta_g \frac{q_g v_g^2}{1-f_g} \right) \tag{5-14}$$

式中:$A\omega_d + B\omega_d^3$、$A\omega_g + B\omega_g^3$——低速滚筒、高速滚筒的空载(克服有害阻力)功耗,kW;

A——系数,与脱粒滚筒的轴承种类和传动方式有关,$A = 0.4 \times$

10^{-2} PS · s；

　　B——系数,与脱粒滚筒转动时的迎风面积有关,钉齿滚筒 $B=0.64\times10^{-6}$ PS · S³；

　　$\dfrac{q_d v_d^2}{1-f_d}$、$\dfrac{q_g v_g^2}{1-f_g}$——低速滚筒、高速滚筒的脱粒功耗,kW；

　　f_d、f_g——低速滚筒、高速滚筒的搓擦系数；

　　ζ_d、ζ_g——低速滚筒、高速滚筒脱粒功耗修正系数。

　　杆齿差速轴流式滚筒的功耗方程(5-14)由切流式脱粒装置导出。在单位时间喂入作物质量不变、脱粒滚筒转速恒定和作物茎秆视为非弹性体三个假设下,苏联学者 B. П. 郭辽契金根据动量定理导出了切流滚筒脱粒功耗方程 $N_t=qv^2/(1-f)$。由于在切流滚筒中作物以圆周速度脱粒后离开脱粒区,其功耗可视为切流滚筒旋转 1 圈的脱粒功耗。若将轴流滚筒脱粒段的横断面近似看成作物以一定角度斜向喂入多次(圈)的切流脱粒过程的重复,谷物绕几圈即重复切流脱粒几次[56]。轴流滚筒盖上有 λ 块导向板,作物在轴流滚筒中旋转脱粒多于 λ 圈[31]。由于作物在轴流滚筒中旋转多圈完成脱粒,因此应按旋转多圈计算脱粒功耗。

　　(1) 低速滚筒/高速滚筒空载功耗

$$低速滚筒\quad N_{dk}=A\omega_d+B\omega_d^3 \tag{5-15}$$

$$高速滚筒\quad N_{gk}=A\omega_g+B\omega_g^3 \tag{5-16}$$

式中：N_{dk}、N_{gk}——低速滚筒、高速滚筒空载功耗,kW；

　　ω_d、ω_g——低速滚筒、高速滚筒角速度,rad/s；

　　A、B 含义同式(5-14)。

　　(2) 低速滚筒/高速滚筒脱粒功耗

低速滚筒旋转 1 圈的脱粒功耗为

$$N_{dt1}=\frac{q_s v_d^2}{1-f_d} \tag{5-17}$$

低速滚筒旋转 λ_d 圈的脱粒功耗为

$$N_{dt\lambda}=\sum_{i=1}^{\lambda_d}\frac{q_i v_d^2}{1-f_d} \tag{5-18}$$

高速滚筒旋转 1 圈的脱粒功耗为

$$N_{gt1} = \frac{q_g v_g^2}{1 - f_g} \qquad (5\text{-}19)$$

高速滚筒旋转 λ_g 圈的脱粒功耗为

$$N_{gt\lambda} = \sum_{i=1}^{\lambda_g} \frac{q_i v_g^2}{1 - f_g} \qquad (5\text{-}20)$$

式中：N_{dt1}、$N_{dt\lambda}$——作物在低速滚筒中回转脱粒 1 圈、λ_d 圈的脱粒功耗，kW；

N_{gt1}、$N_{gt\lambda}$——作物在高速滚筒中回转脱粒 1 圈、λ_g 圈的脱粒功耗，kW；

λ_d、λ_g——作物在低速滚筒、高速滚筒中回转脱粒的圈数；

q_s——设计喂入量，kg/s；

q_i——低速滚筒/高速滚筒各圈被脱物质量（喂入量），kg/s；

q_g——高速滚筒被脱物质量（喂入量），kg/s；

v_d、v_g——低速滚筒、高速滚筒圆周速度，m/s；

f_d、f_g——低速滚筒、高速滚筒的搓擦系数。

（3）差速滚筒合计功耗

作物在低速滚筒转 1 圈的合计功耗为

$$N_{d1} = N_{dk} + N_{dt1} = A\omega_d + B\omega_d^3 + \frac{q_s v_d^2}{1 - f_d} \qquad (5\text{-}21)$$

作物在低速滚筒转 λ_d 圈的合计功耗为

$$N_{d\lambda} = N_{dk} + N_{dt\lambda} = A\omega_d + B\omega_d^3 + \sum_{i=1}^{\lambda_d} \frac{q_i v_d^2}{1 - f_d} \qquad (5\text{-}22)$$

作物在高速滚筒转 1 圈的合计功耗为

$$N_{g1} = N_{gk} + N_{gt1} = A\omega_g + B\omega_g^3 + \frac{q_g v_g^2}{1 - f_g} \qquad (5\text{-}23)$$

作物在高速滚筒转 λ_g 圈的合计功耗为

$$N_{g\lambda} = N_{gk} + N_{gt\lambda} = A\omega_g + B\omega_g^3 + \sum_{i=1}^{\lambda_g} \frac{q_g v_g^2}{1 - f_g} \qquad (5\text{-}24)$$

（4）差速滚筒总功耗

作物在低速/高速滚筒各转 1 圈的总功耗为

$$N_{GZ1} = A\omega_d + B\omega_d^3 + \frac{q_s v_d^2}{1-f_d} + A\omega_g + B\omega_g^3 + \frac{q_g v_g^2}{1-f_g} \tag{5-25}$$

作物在低速/高速滚筒分别转 λ_d、λ_g 圈的总功耗为

$$N_{GZ\lambda} = A\omega_d + B\omega_d^3 + \sum_{i=1}^{\lambda_d} \frac{q_i v_d^2}{1-f_d} + A\omega_g + B\omega_g^3 + \sum_{i=1}^{\lambda_g} \frac{q_i v_g^2}{1-f_g} \tag{5-26}$$

（5）横轴流差速滚筒总功耗和脱粒功耗修正系数

以 ζ_d、ζ_g 替代作物在低/高速轴流滚筒中转 λ 圈与转 1 圈的脱粒功耗之比,杆齿差速滚筒总功耗可表示为

$$N_{GZ} = A\omega_d + B\omega_d^3 + \zeta_d \frac{q_s v_d^2}{1-f_d} + A\omega_g + B\omega_g^3 + \zeta_g \frac{q_g v_g^2}{1-f_g} \tag{5-27}$$

式中:ζ_d——低速滚筒脱粒功耗修正系数,$\zeta_d = \sum_{i=1}^{\lambda_d} \frac{q_i v_d^2}{1-f_d} \Big/ \frac{q_s v_d^2}{1-f_d}$;

ζ_g——高速滚筒脱粒功耗修正系数,$\zeta_g = \sum_{i=1}^{\lambda_g} \frac{q_i v_g^2}{1-f_g} \Big/ \frac{q_g v_g^2}{1-f_g}$;

q_g——高速滚筒待脱作物质量,kg/s,取 $q_g = 0.05 q_s$。

5.1.6　实例分析

以 4LZS-1.8 型横轴流全喂入联合收割机为例:设计喂入量 $q_s =$ 1.80 kg/s,低速滚筒和高速滚筒半径 R 均为 0.275 m,低速滚筒角速度 $\omega_d = 80.36$ rad/s,高速滚筒角速度 $\omega_g = 108.25$ rad/s。脱粒滚筒盖上有 4 块导向板(导向角 $\alpha = 58°$),其中"复盖"低速滚筒区 2.5 块、高速滚筒与排草区 1.5 块。导向板 1"复盖"低速滚筒计算点 x_1、x_2,导向板 2"复盖"低速滚筒计算点 x_3、x_4,半块导向板 3"复盖"高速滚筒计算点 x_5,半块导向板 4"复盖"高速滚筒计算点 x_6,各计算点间距相等,如图 5-2 所示。各导向板"复盖"下 x_i 处的 y_i 值可由式(5-10)求得,代表该导向板 x_i 处分离的籽粒集中质量百分比 y 值。低速段脱粒分离籽粒较多,且根据设计要求,导向板 1 需横跨中间输送装置喂入口(沿轴向长 370 mm),分离籽粒多。故以作物在低速滚筒入口处导向板 1 下旋转 2 圈脱粒 2 次,在第 2 块导向板下旋转 1 圈脱粒 1 次,合计作物在低速滚筒旋转 3 圈脱粒 3 次,在高速滚筒第 3、4 两个半块导向板下转 1 圈脱粒 1 次,即以作物在低速滚筒旋转 3 圈脱粒 3 次,在高速滚筒旋转 1 圈脱粒 1 次,也就是作物合计在差速轴流式滚筒中回转 4 圈脱粒 4 次,计算脱粒功耗。在整个脱粒过程中由于籽

粒分离、茎秆损耗,喂入量不断地减少,各段(圈)待脱作物量等于设计喂入量减去已经分离的籽粒与损耗茎秆的总质量。

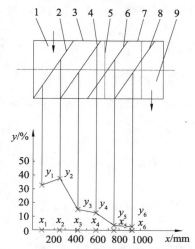

1—喂入口;2—导向板1;3—低速滚筒;4—导向板2;5—低速/高速滚筒分界线;

6—导向板3;7—高速滚筒;8—导向板4;9—排草口。

图 5-2 导向板对应的差速滚筒轴向 x_i 处分离籽粒集中质量百分比 y

(1) 各段(圈)待脱作物量(喂入量)

实验水稻单产 $8250\ \mathrm{kg/hm^2}$,草谷比 $1.05:1$,联合收割机割幅 $1.8\ \mathrm{m}$,设计喂入量 $q_s = 1.80\ \mathrm{kg/s}$,根据草谷比,喂入量中籽粒质量 $g_s = 0.88\ \mathrm{kg/s}$,茎秆质量 $j_s = 0.92\ \mathrm{kg/s}$。根据籽粒脱粒分离数学模型和茎秆损耗实验数据,各段(圈)待脱作物量(喂入量)计算如下:

低速滚筒第 1 段(圈)(0~167 mm)

低速滚筒第 1 段为起始段(圈),待脱作物量为设计喂入量 $q_s = q_1 = g_s + j_s = 0.88 + 0.92 = 1.80\ \mathrm{kg/s}$。计算点 $x_1 = 83.50\ \mathrm{mm}$ 为低速滚筒第 1 段的中点。将 x_1 代入式(5-10),可求得导向板 1"复盖"下第 1 圈从栅格凹板分离的籽粒质量百分比 $y_1 = 31.98\%$,代入式(5-11)可得分离的籽粒质量 $g_1 = y_1 g_s = 31.98\% \times 0.88\ \mathrm{kg/s} \approx 0.28\ \mathrm{kg/s}$。作物在该段回转 1 圈(脱粒 1 次),将茎秆损耗质量代入式(5-12)可得 $j_1 = n\Delta j_s = 1 \times 4\% \times 0.92\ \mathrm{kg/s} \approx 0.037\ \mathrm{kg/s}$。

低速滚筒第 2 段(圈)(167~334 mm)

根据脱粒 1 圈分离的籽粒质量和损耗的茎秆质量,$\Sigma = 1, n = 1$,代入

式(5-13),求得低速滚筒第 2 圈待脱作物量(喂入量)为

$$q_2 = q_s - (g_\Sigma + j_1) = q_s - (g_1 + j_1)$$
$$= 1.8 - (0.28 + 0.037)$$
$$= 1.48 \text{ kg/s} = 0.82q_1$$

计算点 $x_2 = 250.50$ mm 为导向板 1"复盖"下作为低速滚筒 2 段的中点,将 x_2 代入式(5-10),可求得导向板 1"复盖"下第 2 圈从栅格凹板分离的籽粒质量百分比 $y_2 = 35.90\%$,代入式(5-11)可得分离的籽粒质量 $g_2 = y_2 g_s = 35.90\% \times 0.88$ kg/s≈ 0.32 kg/s。作物在该段滚筒中回转第 2 圈(脱粒第 2 次),$n = 2$,代入式(5-12)可得茎秆损耗质量 $j_2 = n\Delta_s j_s = 2 \times 4\% \times 0.92$ kg/s≈ 0.07 kg/s。

低速滚筒第 3 段(圈)(334~667 mm)

根据脱粒 2 圈分离的籽粒质量和损耗的茎秆质量,$\Sigma = 2, n = 2$,代入式(5-13),求得低速滚筒第 3 圈待脱作物量(喂入量)为

$$q_3 = q_s - (g_\Sigma + j_2) = q_s - [(g_1 + g_2) + j_2]$$
$$= 1.80 - [(0.28 + 0.32) + 0.07]$$
$$= 1.13 \text{ kg/s} = 0.63q_1$$

导向板 2"复盖"下低速滚筒第 3 段分布有 $x_3 = 417.5$ mm,$x_4 = 584.5$ mm 两个计算点,将 x_3, x_4 分别代入式(5-10),可得 $y_3 = 14.04\%$,$y_4 = 11.52\%$,代入式(5-11)可得分离的籽粒质量 $g_3 = (y_3 + y_4) g_s = (14.04\% + 11.52\%) \times 0.88$ kg/s≈ 0.22 kg/s。作物在该段滚筒中回转第 3 圈(脱粒第 3 次),$n = 3$,代入式(5-12)可得,茎秆损耗质量 $j_3 = n\Delta_s j_s = 3 \times 4\% \times 0.92 \approx 0.11$ kg/s。

高速滚筒 1 圈(667~1000 mm)

根据低速滚筒脱粒 3 圈分离的籽粒质量和损耗的茎秆质量,$\Sigma = 3, n = 3$,代入式(5-13),可得导向板 3、4"复盖"下高速滚筒 1 圈待脱作物量(喂入量)为

$$q_4 = q_s - (g_\Sigma + j_3) = q_s - [(g_1 + g_2 + g_3) + j_3]$$
$$= 1.80 - [(0.28 + 0.32 + 0.22) + 0.11]$$
$$= 0.87 \text{ kg/s} = 0.48q_1$$

高速滚筒段有 $x_5 = 751.5$ mm,$x_6 = 918.5$ mm 两个计算点,将 x_5、x_6 分别代入式(5-10),可得 $y_5 = 3.73\%$,$y_6 = 2.02\%$,分布于导向板 3、导向板 4

的两个半块导向板下,按合并为一块完整的导向板处理,将这些数据代入式(5-11),可得分离的籽粒质量 $g_4 = (y_5 + y_6)g_s = (3.73\% + 2.02\%) \times 0.88 \text{ kg/s} \approx 0.05 \text{ kg/s}$。作物在该段滚筒中回转第 4 圈(脱粒第 4 次),$n=4$,代入式(5-12)可得,茎秆损耗质量 $j_4 = n\Delta_4 j_s = 4 \times 4\% \times 0.92 \text{ kg/s} \approx 0.15 \text{ kg/s}$,代入式(5-13),得最后未脱下的籽粒质量为

$$
\begin{aligned}
g &= g_s - (g_1 + g_2 + g_3 + g_4) \\
&= 0.88 - (0.28 + 0.32 + 0.22 + 0.05) \\
&= 0.01 \text{ kg/s} \approx 0
\end{aligned}
$$

未损耗的茎秆质量 $j = j_s(1 - 4\Delta_s) = 0.92 \times (1 - 0.16) \approx 0.77 \text{ kg/s}$,排出机外。

（2）差速滚筒空载功耗

根据 4LZS-1.8 联合收割机基础数据 $\omega_d = 80.36 \text{ rad/s}$,$\omega_g = 108.25 \text{ rad/s}$,有

$$A\omega_d = 0.4 \times 10^{-2} \times 80.36 \approx 0.32 \text{ PS}$$
$$B\omega_d^3 = 0.64 \times 10^{-6} \times 80.36^3 \approx 0.33 \text{ PS}$$
$$A\omega_g = 0.4 \times 10^{-2} \times 108.25 \approx 0.43 \text{ PS}$$
$$B\omega_g^3 = 0.64 \times 10^{-6} \times 108.25^3 \approx 0.80 \text{ PS}$$

代入式(5-15)和式(5-16)可得空载功耗。

低速滚筒空载功耗为

$$N_{dk} = A\omega_d + B\omega_d^3 = 0.32 + 0.33 = 0.65 \text{ PS} = 0.48 \text{ kW}$$

高速滚筒空载功耗为

$$N_{gk} = A\omega_g + B\omega_g^3 = 0.43 + 0.80 = 1.23 \text{ PS} = 0.90 \text{ kW}$$

（3）差速滚筒脱粒功耗

4LZS-1.8 联合收割机设计喂入量 $q_s = 1.80 \text{ kg/s}$,低速/高速滚筒半径相同 $R = 0.275 \text{ m}$,低速/高速滚筒圆周速度 $v_d = 22.10/v_g = 29.77 \text{ m/s}$,$q_1 = q_s = 1.80 \text{ kg/s}$,$q_2 = 0.82q_s$,$q_3 = 0.63q_s$,$q_4 = 0.48q_s$,$f_d = f_g = 0.75$,将相关数据代入式(5-17)可得脱粒功耗。

低速滚筒旋转 1 圈的脱粒功耗为

$$N_{dt1} = \frac{q_s v_d^2}{1 - f_d} = \frac{1.80 \times 22.10^2}{1 - 0.75} \approx 3.52 \text{ kW}$$

低速滚筒旋转 $\lambda_d (\lambda_d = 3)$ 圈各圈的脱粒功耗为

低速滚筒 1　$\dfrac{q_1 v_d^2}{1-f_d}=\dfrac{1.80\times 22.10^2}{1-0.75}\approx 3.52\ \text{kW}$

低速滚筒 2　$\dfrac{q_2 v_d^2}{1-f_d}=\dfrac{0.82\times 1.80\times 22.10^2}{1-0.75}=2.88\ \text{kW}$

低速滚筒 3　$\dfrac{q_3 v_d^2}{1-f_d}=\dfrac{0.63\times 1.80\times 22.10^2}{1-0.75}=2.22\ \text{kW}$

将相关数据代入式（5-18）可得低速滚筒旋转 3 圈的脱粒功耗为

$$N_{dt3}=\sum_{i=1}^{3}\dfrac{q_i v_d^2}{1-f_d}=3.52+2.88+2.22=8.62\ \text{kW}$$

取 $f_g=f_d$，将相关数据代入式（5-19）可得高速滚筒旋转 1 圈的脱粒功耗为

$$N_{gt1}=\dfrac{q_4 v_g^2}{1-f_g}=\dfrac{0.48\times 1.80\times 29.77^2}{1-0.75}\approx 3.06\ \text{kW}$$

（4）低速/高速滚筒合计功耗

将相关数据代入式（5-21）可得作物在低速滚筒脱粒 1 圈的合计功耗为

$$N_{d1}=N_{dk}+N_{dt1}=0.48+3.52=4.00\ \text{kW}$$

将相关数据代入式（5-22）可得作物在低速滚筒脱粒 3 圈的合计功耗为

$$N_{d3}=N_{dk}+N_{dt3}=0.48+8.62=9.10\ \text{kW}$$

将相关数据代入式（5-23）可得作物在高速滚筒脱粒 1 圈的合计功耗为

$$N_{g1}=N_{gk}+N_{gt1}=0.90+3.06=3.96\ \text{kW}$$

（5）差速滚筒总功耗

将相关数据代入式（5-25）和式（5-26）可得总功耗。

作物在低速/高速滚筒各脱粒 1 圈的总功耗为

$$N_{Z1/1}=N_{d1}+N_{g1}=4.00+3.98=7.98\ \text{kW}$$

作物在低速滚筒脱粒 3 圈/高速滚筒脱粒 1 圈的总功耗为

$$N_{Z3/1}=N_{d3}+N_{g1}=9.10+3.98=13.08\ \text{kW}$$

（6）差速滚筒功率消耗和脱粒功耗修正系数

通过分析作物在低速滚筒中脱粒 3 圈与脱粒 1 圈的功耗之比，求取修

正系数 ζ_d;通过分析作物在高速滚筒中脱粒 1 次与脱粒 1 次的功耗之比,求取修正系数 ζ_g。根据式(5-27)且将数据代入,有

$$\zeta_d = \sum_{i=1}^{\lambda_d} \frac{q_i v_d^2}{1-f_d} \Big/ \frac{q_s v_d^2}{1-f_d} = 8.62 \div 3.52 \approx 2.45$$

$$\zeta_g = \frac{q_g v_g^2}{1-f_g} \Big/ \frac{q_g v_g^2}{1-f_g} = 1$$

式中:ζ_d——低速滚筒脱粒功耗修正系数;

$\quad\quad\zeta_g$——高速滚筒脱粒功耗修正系数。

实例分析表明,对 4LZS-1.8 全喂入联合收割机差速轴流式滚筒而言,作物在低速滚筒中脱粒 3 圈、在高速滚筒中脱粒 1 圈求得的总功耗及低、高速滚筒功耗两者的占比,与本机二次正交旋转组合试验的最佳值相似(文献[35]"9.1 全喂入横轴流同轴差速脱分选装置台架试验"p182)。

5.2 横轴流杆齿差速滚筒平均功耗(4LZS-1.8)

以平均速度来计算轴流式杆齿差速滚筒平均功率消耗。

(1)滚筒平均圆周速度

$$v_p = \frac{v_d + v_g}{2} = \frac{22.10 + 29.77}{2} \approx 25.94 \text{ m/s}$$

(2)滚筒平均角速度

$$\omega_p = \frac{\omega_d + \omega_g}{2} = \frac{80.36 + 108.25}{2} \approx 94.31 \text{ m/s}$$

(3)空载功耗

$$A\omega_p = 0.4 \times 10^{-2} \times 94.31 \approx 0.38 \text{ PS}$$

$$B\omega_p^3 = 0.64 \times 10^{-6} \times 94.31^3 \approx 0.54 \text{ PS}$$

$$N_{pk} = A\omega_p + B\omega_p^3 = 0.38 + 0.54 = 0.92 \text{ PS} = 0.68 \text{ kW}$$

(4)脱粒功耗

作物在轴流滚筒中转 1 圈(脱粒 1 次)的脱粒功耗为

$$N_{pt1} = \frac{q_s v_p^2}{1-f} = \frac{1.80 \times 25.94^2}{1-0.75} \approx 4.84 \text{ kW}$$

作物在轴流滚筒中转 4 圈的脱粒功耗为

$$N_{pt4} = \frac{q_s v_p^2}{1-f} + 0.82 \frac{q_s v_p^2}{1-f} + 0.63 \frac{q_s v_p^2}{1-f} + 0.48 \frac{q_s v_p^2}{1-f}$$
$$\approx 14.18 \text{ kW}$$

（5）差速滚筒总功耗

作物在轴流滚筒中转 1 圈的合计功耗为

$$N_{p1} = N_{pk} + N_{pt1} = 0.68 + 4.84 = 5.52 \text{ kW}$$

作物在轴流滚筒中转 4 圈的合计功耗为

$$N_{p4} = N_{pk} + N_{pt4} = 0.68 + 14.18 = 14.86 \text{ kW}$$

（6）横轴流杆齿差速滚筒平均功耗分析

$$N_{GZp} = A\omega_p + B\omega_p^3 + \zeta_p \frac{q_s v_p^2}{1-f}$$

式中：ζ_p——差速滚筒脱粒功耗修正系数，$\zeta_p = \dfrac{N_{pt4}}{N_{pt1}} = 14.18 \div 4.84 \approx 2.93$。

5.3　全喂入纵轴流差速滚筒变质量工况下脱粒功耗测算

5.3.1　纵轴流差速脱粒装置基本参数

4LZ-2.5z 纵轴流全喂入联合收割机差速滚筒长 1792 mm，其中喂入段长 270 mm，脱粒段长 1372 mm（有凹板，其中低速滚筒长 1050 mm），排草段长 150 mm。低速滚筒和高速滚筒半径相同 $R = 0.31$ m。低速滚筒圆周速度 $v_d = 18$ m/s，角速度 $\omega_d = 58.06$ rad/s；高速滚筒圆周速度 $v_g = 26$ m/s，角速度 $\omega_g = 83.87$ rad/s。脱粒滚筒盖上有 7 块导向板，导向角 57°。其中"复盖"喂入段与低速滚筒 5 块（$Z_d = 5$），"复盖"高速滚筒与排草段 2 块（$Z_g = 2$）。设计喂入量 $q_s = 2.5$ kg/s。水稻割后株高 65 cm，草谷比 1：1，即喂入量中籽粒和茎秆各占 1.25 kg/s。水稻籽粒按在低速滚筒脱粒分离 95% 进入高速滚筒喂入量中，按籽粒的 5% 即 0.063 kg/s 计算；水稻茎秆按在喂入段和低速滚筒中转动 5 圈、每圈损耗质量百分比 $\Delta_s = 3\%$，则 5 圈为 15%，进入高速滚筒喂入量中茎秆为 85% 即 1.06 kg/s 计算，进入高速滚筒未脱粒分离籽粒和茎秆合计喂入量为 1.12 kg/s。

根据滚筒盖上导向板数量判断作物在脱粒装置中转动圈数（脱粒次数），按脱粒次数分别计算变质量工况下各段（圈）脱粒功耗。设 z_d/z_g 为滚筒盖上位于低速滚筒/高速滚筒上方的导向板数量，在低速滚筒/高速滚筒脱粒功耗公式前面分别加系数 ζ_d/ζ_g，$\zeta_d = z_d$，$\zeta_g = z_g$ 进行计算。

$$N_{KZ} = A\omega_d + B\omega_d^3 + \zeta_d \frac{q_s v_d^2}{1-f_d} + A\omega_g + B\omega_g^3 + \zeta_g \frac{q_g v_g^2}{1-f_g}$$

式中：N_{KZ}——纵轴流差速滚筒功率消耗，kW；

其余各量意义同前。

5.3.2 滚筒变质量工况下功率消耗

（1）低速/高速滚筒空载功耗

根据 4LZ-2.5z 纵轴流全喂入联合收割机基本参数，有

$$A\omega_d = 0.4 \times 10^{-2} \times 58.06 \approx 0.23 \text{ PS}$$

$$B\omega_d^3 = 0.64 \times 10^{-6} \times 58.06^3 \approx 0.13 \text{ PS}$$

$$A\omega_g = 0.4 \times 10^{-2} \times 83.87 \approx 0.34 \text{ PS}$$

$$B\omega_g^3 = 0.64 \times 10^{-6} \times 83.87^3 \approx 0.38 \text{ PS}$$

低速滚筒空载功耗为

$$N_{dk} = A\omega_d + B\omega_d^3 = (0.23 + 0.13) \text{ PS} = 0.36 \text{ PS} = 0.26 \text{ kW}$$

高速滚筒空载功耗为

$$N_{gk} = A\omega_g + B\omega_g^3 = (0.34 + 0.38) \text{ PS} = 0.72 \text{ PS} = 0.53 \text{ kW}$$

（2）低速/高速滚筒脱粒功耗

根据 4LZ-2.5z 纵轴流全喂入联合收割机基本参数，有

低速滚筒旋转 5 圈的脱粒功耗为

$$N_{dt5} = \zeta_d \frac{q_s v_d^2}{1-f_d} = 5 \times \frac{2.5 \times 18^2}{1-0.75} \approx 16.20 \text{ kW}$$

高速滚筒旋转 2 圈的脱粒功耗（设 $f_d = f_g$）为

$$N_{gt2} = \zeta_g \frac{q_g v_g^2}{1-f_g} = 2 \times \frac{1.12 \times 26^2}{1-0.75} \approx 6.06 \text{ kW}$$

作物在低速滚筒脱粒 5 圈、高速滚筒脱粒 2 圈的合计功耗为

$$N_{Z5/2} = N_{d5} + N_{g2} = (N_{dk} + N_{dt5}) + (N_{gk} + N_{gt2})$$
$$= (0.26 + 16.20) + (0.53 + 6.06) = 23.05 \text{ kW}$$

5.3.3 喂入导向螺旋功耗

根据文献[51]可知：

$$N = Qg(Lw_0 + h)\eta \times 10^{-3}$$

$$= 2.5 \times 9.8 \times (0.25 \times 1 + 0) \times 1 \times 10^{-3}$$

$$\approx 6.13 \times 10^{-3} \text{ N} \cdot \text{m/s} = 0.0013 \text{ kW}$$

式中：N——物料螺旋输送器所需功率，kW；

　　　Q——螺旋输送器推运量，kg/s，取 2.5；

　　　g——重力加速度，m/s^2；

　　　L——螺旋输送器水平投影，m，取 0.25；

　　　w_0——谷粒或者杂余沿外壳移动的阻力系数，作物植株取 1.2；

　　　h——谷粒或者杂余的提升高度，m，水平螺旋输送器为 0；

　　　η——螺旋输送器安装倾斜度修正系数，当安装倾斜度 < 20° 时，$\eta = 1$。

喂入导向螺旋功耗很小，可以忽略不计。

5.3.4　纵轴流杆齿差速滚筒功率消耗分析

横轴流差速滚筒长 1200 mm，其中排草段长 200 mm，下面有凹板的脱粒段长 1000 mm（其中低速滚筒长 666 mm），无喂入段；纵轴流滚筒长 1792 mm，喂入段长 270 mm，下面有凹板的脱粒段长 1372 mm（其中低速滚筒长 1050 mm），排草段长 150 mm。与横轴流相比，纵轴流滚筒下面有凹板的脱粒段增长了 372 mm。滚筒半径：横轴流滚筒 $R = 0.275$ mm，纵轴流滚筒 $R = 0.31$ mm。转速：横轴流低速滚筒 770 r/min，高速滚筒 1035 r/min；纵轴流低速滚筒 500 r/min，高速滚筒 700 r/min。根据以上数据计算单位喂入量功耗：纵轴流滚筒为 9.24 kW/(kg · s^{-1})，横轴流滚筒为 7.28 kW/(kg · s^{-1})。纵轴流功耗约为横轴流的 1.27 倍。

5.4　半喂入弓齿差速滚筒变质量工况下脱粒功耗计算

半喂入弓齿差速轴流式滚筒脱下的混合物，在导向板和螺旋排列的脱粒齿共同作用下边轴向移动边分离。而喂入滚筒脱粒的作物茎秆则由喂入链夹持做轴向运动。喂入链夹持作物切向喂入脱粒装置似切流脱粒（茎秆不排出）。在单位时间喂入作物质量不变、脱粒滚筒转速恒定和作物茎秆为非弹性体三个假设下，根据动量定理求得弓齿对作物的打击力（$p = \Delta mv / \Delta t = qv$）、作物茎秆对滚筒和凹板之间产生的搓擦阻力，再乘以脱粒滚筒圆周速度 v，可求得滚筒脱粒功耗 $[N_t = qv^2 / (1-f)]$。被脱物料在脱粒装置中由喂入链夹持边脱粒边从栅格凹板中分离出去，低速滚筒和高速滚筒的各处被脱物料质量不同,是变质量脱粒系统。为了简化计算,按低速滚筒和高速滚筒分别计算待脱作物量(喂入量)。由于低速滚筒分离脱出物较多,占总脱出物的90%以上,故将低速滚筒均分成两段计算待脱作物量(喂入量),即按低速滚筒前、后两段和高速滚筒一段合计三段,分别计算待脱作物量(喂入量)和功耗。待脱作物量(喂入量)由作物籽粒和茎秆两部分构成。

5.4.1 弓齿低速/高速滚筒待脱作物量(喂入量)

(1)脱出物(籽粒)沿脱粒滚筒轴向分离的规律

从栅格凹板分离的脱出物(籽粒)沿脱粒滚筒轴向分离的规律为降幂曲线,未分离脱出物(籽粒)即构成下一段喂入量中的籽粒部分。未脱粒分离脱出物(籽粒)百分比方程为

$$y_i = ae^{-\mu L_i} \tag{5-28}$$

式中:y_i——未脱粒分离脱出物(籽粒)百分比,%;

    a——进入脱粒滚筒的籽粒总含量百分比,%,$a=100\%$;

    μ——分离系数,cm^{-1},根据实验测定,取0.036;

    L_i——栅格凹板的长度,cm。

(2)作物茎秆脱粒过程中的损耗

根据作物穗幅差,将穗部长30~40 cm的作物茎秆喂入脱粒滚筒,其在脱粒过程中不断损耗(包括水分),据测定,损耗占喂入脱粒滚筒茎秆质量的8%~10%,设喂入脱粒滚筒的茎秆质量随脱粒滚筒轴向呈线性下降,其变化可表示为

$$z_i = b(1-ik) \tag{5-29}$$

式中:z_i——未损耗作物茎秆百分比,%;

    b——喂入脱粒滚筒的茎秆总量百分比,%,$b=100\%$;

    i——作物茎秆在脱粒滚筒的段位,$i=0,1,2,3$;

    k——作物茎秆损耗系数,%,取3%。

(3)弓齿脱粒滚筒喂入量

$$q_i = y_i G + z_i M \tag{5-30}$$

式中:q_i——弓齿脱粒滚筒某段的喂入量,kg/s;

    y_i——未脱粒分离脱出物(籽粒)的百分比,%;

    G——进入脱粒滚筒的籽粒总质量,kg/s;

z_i——未损耗作物茎秆百分比,%;

M——进入脱粒滚筒茎秆总质量,kg/s。

5.4.2　弓齿差速轴流式滚筒功率消耗

$$N_{\text{GZ}} = \left(A\omega_{\text{d}} + B\omega_{\text{d}}^3 + \zeta_{\text{d}} \frac{q_{\text{d}} v_{\text{d}}^2}{1-f_{\text{d}}} \right) + \left(A\omega_{\text{g}} + B\omega_{\text{g}}^3 + \zeta_{\text{g}} \frac{q_{\text{g}} v_{\text{g}}^2}{1-f_{\text{g}}} \right) \qquad (5\text{-}31)$$

式中:$A\omega_{\text{d}} + B\omega_{\text{d}}^3$、$A\omega_{\text{g}} + B\omega_{\text{g}}^3$——低速滚筒、高速滚筒的空载(克服有害阻力)功耗;

A——系数,与脱粒滚筒的轴承种类和传动方式有关,$A = 0.4 \times 10^{-2}$ PS·s;

B——系数,与脱粒滚筒转动时的迎风面积有关,钉齿滚筒 $B = 0.64 \times 10^{-6}$ PS·s³;

$\dfrac{q_{\text{d}} v_{\text{d}}^2}{1-f_{\text{d}}}$、$\dfrac{q_{\text{g}} v_{\text{g}}^2}{1-f_{\text{g}}}$——低速滚筒、高速滚筒的脱粒功耗,kW;

q_{d}、q_{g}——低速滚筒、高速滚筒的喂入量,kg/s;

v_{d}、v_{g}——低速滚筒、高速滚筒的圆周速度,m/s;

ζ_{d}、ζ_{g}——低速滚筒、高速滚筒脱粒功耗修正系数。

5.4.3　实例分析

以 4LZB-1.5 半喂入联合收割机为例,低速滚筒、高速滚筒半径相等,$R = 0.275$ m,低速滚筒角速度 $\omega_{\text{d}} = 52.29$ rad/s,圆周速度 $v_{\text{d}} = 14.38$ m/s,高速滚筒角速度 $\omega_{\text{g}} = 73.24$ rad/s,圆周速度 $v_{\text{g}} = 20.14$ m/s。该机生产率 0.4 hm²/h,割幅 1.50 m,作业速度 0.75 m/s。理论生产率 1.12 m²/s,水稻单产 8250 kg/hm²(0.83 kg/m²)时,收获籽粒 $G = 0.93$ kg/s,水稻草谷比 2.36:1,收获茎秆 $2.36 \times 0.93 \approx 2.20$ kg。根据作物穗幅差,将穗部长 30~40 cm(约占茎秆质量的33%)的茎秆($M = 0.87$ kg/s)喂入脱粒滚筒,即喂入脱粒滚筒籽粒量 $G = 0.93$ kg/s,茎秆量 $M = 0.87$ kg/s,合计 1.80 kg/s(喂入量)。弓齿差速轴流式滚筒脱出物分布实验表明,90%籽粒已在低速滚筒脱下,约 10%籽粒($q_{\text{g}} = 0.93 \times 10\% = 0.09$ kg/s)需在高速滚筒脱下。进入滚筒脱粒的作物茎秆从进入到离开脱粒滚筒,质量大约减少10%,设分三段均匀减少。

(1)弓齿低速/高速滚筒待分离籽粒

分三段计入喂入量,将相关参数代入式(5-28),可得各段籽粒量。

低速滚筒前段：$L_1 = 0$ cm, $e^{-\mu L_1} = 1$

$$y_1 = ae^{-\mu L_1} = a = 1$$

低速滚筒后段：$L_2 = 33.3$ cm, $e^{-\mu L_2} = 0.3$

$$y_2 = ae^{-\mu L_2} = 0.3a = 0.3$$

高速滚筒入口：$L_3 = 66.7$ cm, $e^{-\mu L_3} = 0.09$

$$y_3 = ae^{-\mu L_3} = 0.09a = 0.09$$

（2）弓齿低速/高速滚筒待脱粒茎秆

将相关参数代入式（5-29），可得各段茎秆量。

低速滚筒前段：$L_1 = 0$ cm

$$z_1 = b(1 - 0 \times k) = b = 1$$

低速滚筒后段：$L_2 = 33.3$ cm

$$z_2 = b(1 - 1 \times k) = 0.97b = 0.97$$

高速滚筒入口：$L_3 = 66.7$ cm

$$z_3 = b(1 - 2 \times k) = 0.94b = 0.94$$

（3）弓齿低速/高速滚筒喂入量

将相关参数代入式（5-30），可得各段喂入量。

低速滚筒前段：$L_1 = 0$

$$q_1 = y_1 G + z_1 M = 1 \times 0.93 + 1 \times 0.87 \approx 0.93 + 0.87 = 1.80 \text{ kg/s}$$

低速滚筒后段：$L_2 = 33.3$ cm

$$q_2 = y_2 G + z_2 M = 0.30 \times 0.93 + 0.97 \times 0.87 \approx 1.12 \text{ kg/s} = 0.62 q_1$$

高速滚筒入口：$L_3 = 66.7$ cm

$$q_3 = y_3 G + z_3 M = 0.09 \times 0.93 + 0.94 \times 0.87 \approx 0.90 \text{ kg/s}$$

（4）弓齿低速/高速滚筒空载功率消耗

根据联合收割机工作参数可知：

$A = 0.4 \times 10^{-2}$，低速滚筒 $A\omega_d = 0.4 \times 10^{-2} \times 52.29 \approx 0.20$ PS

高速滚筒 $A\omega_g = 0.4 \times 10^{-2} \times 72.24 \approx 0.29$ PS

$B = 0.64 \times 10^{-6}$，低速滚筒 $B\omega_d^3 = 0.64 \times 10^{-6} \times 52.29^3 \approx 0.09$ PS

高速滚筒 $B\omega_g^3 = 0.64 \times 10^{-6} \times 72.24^3 \approx 0.24$ PS

低速滚筒空载功耗为

$$N_{dk} = A\omega_d + B\omega_d^3 = 0.20 + 0.09 = 0.29 \text{ PS} = 0.21 \text{ kW}$$

高速滚筒空载功耗为

$$N_{gk} = A\omega_g + B\omega_g^3 = 0.29 + 0.24 = 0.53 \text{ PS} = 0.39 \text{ kW}$$

（5）弓齿低速/高速滚筒脱粒功耗

将有关参数代入式（5-31）相关部分，可得脱粒功耗。

低速滚筒前段：$q_1 = 1.80 \text{ kg/s}$

$$N_{d1} = \frac{q_1 v_d^2}{1 - f_d} = \frac{1.80 \times 14.38^2}{1 - 0.75} \approx 1.49 \text{ kW}$$

低速滚筒后段：$q_2 = 0.62 q_1$

$$N_{d2} = 0.92 \text{ kW}$$

高速滚筒段：$q_3 = 0.90 \text{ kg/s}$

$$N_g = \frac{q_3 v_g^2}{1 - f_g} = \frac{0.90 \times 20.14^2}{1 - 0.75} \approx 1.46 \text{ kW}$$

（6）弓齿低速/高速滚筒合计功耗及差速滚筒功耗

低速滚筒前段：

$$N_{d1} = A\omega_d + B\omega_d^3 + \frac{q_1 v_d^2}{1 - f_d} = 0.21 + 1.49 = 1.70 \text{ kW}$$

低速滚筒后段：

$$N_{d2} = A\omega_d + B\omega_d^3 + \frac{q_2 v_d^2}{1 - f_d} = 0.21 + 0.92 = 1.13 \text{ kW}$$

高速滚筒段：

$$N_g = A\omega_g + B\omega_g^3 + \frac{q_3 v_g^2}{1 - f_g} = 0.39 + 1.46 = 1.85 \text{ kW}$$

当低速滚筒喂入量 $q_1 = 1.80 \text{ kg/s}$（籽粒量 $q = 0.93 \text{ kg/s}$）时，弓齿差速滚筒总功率消耗为

$$N_{GZ} = N_{d1} + N_{d2} + N_g = 1.70 + 1.13 + 1.85 = 4.68 \text{ kW}$$

单位喂入量功率消耗为

$$N = 2.6 \text{ kW}$$

图 5-3 所示为全喂入横轴流杆齿差速滚筒、半喂入弓齿差速滚筒、全喂入纵轴流杆齿差速滚筒实物图。

(a) 全喂入横轴流杆齿差速滚筒   (b) 半喂入弓齿差速滚筒

(c) 全喂入纵轴流杆齿差速滚筒

图 5-3　三种差速轴流式脱粒滚筒

第6章 回转式栅格凹板半喂入脱粒装置动力学分析

半喂入联合收割机收获产量高、分蘖旺、茎叶发达的超级稻时,容易出现脱粒滚筒堵塞影响生产效率的问题,其原因之一是半喂入脱粒装置的凹板是固定式结构,经夹持链喂入脱粒滚筒和栅格凹板之间的厚密禾丛时极易被凹板的横板阻塞;除了易堵塞,还因禾丛厚密,与凹板接触的禾丛下层穗部不易被弓齿梳脱而造成漏脱,回转式栅格凹板能有效解决以上弊端。

6.1 单速弓齿脱粒滚筒动力学方程

半喂入单速脱粒滚筒工作时,驱动脱粒滚筒的力矩用于克服各种阻力并对作物进行脱粒。根据达朗贝尔原理,主动力、摩擦阻力、空气阻力、工作阻力和惯性力相互平衡,因此各力与其作用半径所构成的力矩也相互平衡。脱粒滚筒动力学非线性微分方程如下式所示:

$$M_D - A - B\omega^2 - \zeta\frac{qvR}{1-f} = J\frac{d\omega}{dt} \tag{6-1}$$

式中:M_D——单速弓齿脱粒滚筒驱动力矩,N·m;

J——脱粒滚筒转动惯量,kg·m²;

$\dfrac{d\omega}{dt}$——脱粒滚筒的角加速度,rad/s²;

ω——脱粒滚筒的角速度,rad/s;

A——系数,与脱粒滚筒的轴承种类和传动方式有关,$A = 0.4\times 10^{-2}$ PS·s;

B——系数,与脱粒滚筒转动时的迎风面积有关,钉齿滚筒 $B = 0.64\times 10^{-6}$ PS·s³;

ζ——修正系数;

q——水稻喂入量，kg/s；

v——脱粒滚筒齿顶圆周速度，m/s；

R——弓齿脱粒滚筒半径，m；

f——水稻通过滚筒脱粒凹板间隙时的综合搓擦系数。

6.2　单速弓齿脱粒滚筒功率消耗模型

在单位时间喂入作物质量不变、脱粒滚筒转速恒定和作物茎秆为非弹性体三个假设下，弓齿脱粒滚筒功率消耗由下式求得：

$$N_D = A\omega + B\omega^3 + \zeta \frac{qv^2}{1-f} \qquad (6-2)$$

式中：N_D——均匀喂入时单速弓齿脱粒滚筒功率消耗，kW；

ω——脱粒滚筒角速度，rad/s；

ζ——修正系数；

q——水稻喂入量，kg/s；

v——脱粒滚筒齿顶圆周速度，m/s；

f——水稻通过滚筒脱粒凹板间隙时的综合搓擦系数；

$A\omega + B\omega^3$——脱粒滚筒空载功率消耗，PS。

按照 B. Π. 郭辽契金脱粒滚筒理论，滚筒空载时消耗（克服有害阻力）的功率随滚筒速度的立方呈抛物线变化，其值为 $A\omega + B\omega^3$。系数 A、B 的含义同式(6-1)。

6.3　回转式栅格凹板运动方程

回转式栅格凹板脱粒分离装置由左右墙板、弓齿脱粒滚筒、回转式栅格凹板和传动装置组成，其三维结构如图 6-1 所示。

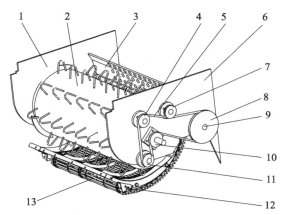

1—左墙板；2—脱粒滚筒；3—多孔板；4—换向轮Ⅰ；5—V 型传动带；6—右墙板；
7—张紧轮；8—回转凹板驱动带轮；9—回转凹板主动轴；10—脱粒滚筒皮带轮；
11—换向轮Ⅱ；12—回转凹板从动轴；13—回转栅格凹板。

图 6-1　回转式栅格凹板脱粒分离装置三维结构示意图

6.3.1　回转式栅格凹板的结构与传动

回转式栅格凹板主要由滚子链Ⅰ/Ⅱ/Ⅲ、横轴Ⅰ/Ⅱ/Ⅲ、上定位片Ⅰ/Ⅱ/Ⅲ、下定位片和回转凹板驱动轴/从动轴组成,其三维结构如图 6-2 所示。

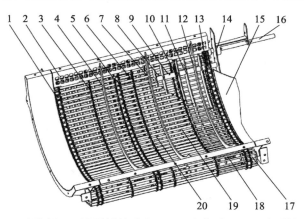

1—滚子链Ⅰ；2—多孔板；3—滚子链链片Ⅰ；4—上定位片Ⅰ；5—滚子链Ⅱ；6—滚子链
链片Ⅱ；7—上定位片Ⅱ；8—栅格凹板下层栅条；9—横轴Ⅰ；10—滚子链链片Ⅲ；11—
下定位片；12—上定位片Ⅲ；13—滚子链Ⅲ；14—轴承座；15—凹板筛架；16—回转凹板
驱动轴；17—回转凹板从动轴；18—横轴Ⅱ；19—横轴Ⅲ；20—凹板上层栅条。

图 6-2　回转式栅格凹板三维结构剖视图

　　环形栅条筛片通过其上的 3 组 A12 型套筒滚子链与回转凹板主动轴和从动轴上的各 3 只 A12 型链轮啮合,由装在主动轴上的带轮(见图 6-3 中的 12)驱动做循环回转运动,V 型带传动系统如图 6-3 所示。

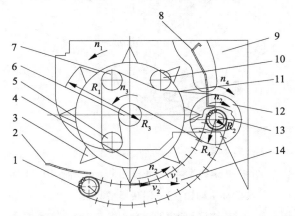

1—回转链从动链轮;2—喂入口多孔板;3—脱粒齿;4—脱粒滚筒;5—换向轮Ⅱ;6—脱粒滚筒皮带轮;7—换向轮Ⅰ;8—多孔板;9—墙板;10—张紧轮;11—V 型传动带;12—回转凹板驱动带轮;13—回转链主动链轮;14—回转栅格凹板。

图 6-3　弧形回转式栅格凹板及其传动示意图

　　图中 R_1、R_2、R_3、R_4/n_1、n_2、n_3、n_4 分别为脱粒滚筒、回转式栅格凹板主动链轮、脱粒滚筒皮带轮、回转凹板驱动带轮的半径和转速,v_1、v_2 分别为脱粒滚筒和回转式栅格凹板的线速度。

6.3.2　回转式栅格凹板脱粒装置运动方程

$$KS \geqslant \frac{60v_{\mathrm{j}}}{\psi pn_2} \tag{6-3}$$

式中:K——弓齿脱粒滚筒螺旋线数;

　　　S——同一齿迹上相邻两齿梳脱作物过程中的螺旋排列的列数;

　　　v_{j}——夹持喂入链速度,m/s;

　　　p——梳距,相邻齿列上弓齿梳刷作物的间距,m;

　　　ψ——脱粒滚筒转速和回转凹板转速之比,$\psi = n_1/n_2$;

　　　n_2——回转凹板转速,r/min;

　　　n_1——脱粒滚筒转速,r/min。

回转凹板脱分系统运动方程表示了脱粒滚筒结构参数(K、S)和运动参数(n_1、n_2、v_j、p)的关系,弓齿排列必须考虑滚筒转速和夹持喂入链速度;改变滚筒转速时,也应改变夹持喂入链速度。

6.4　回转式栅格凹板动力学分析

回转式栅格凹板工作时,其脱粒滚筒侧受到脱粒作物对栅格凹板的径向正压力和切向摩擦力。在不计牵引链条运动时所产生的离心力和松边悬垂拉力的情况下,牵引链条受到径向正压力 N 引起的摩擦阻力和牵引链条曲线轨道阻力构成的合阻力 F_S 的作用,F_S 由牵引链条驱动力 F 平衡。回转式栅格凹板受力如图 6-4 所示。

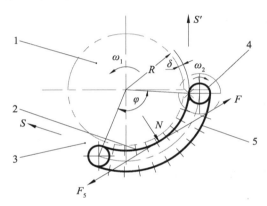

1—脱粒滚筒;2—回转链滑道;3—作物喂入口;4—回转链主动链轮;

5—回转栅格凹板。

图 6-4　回转式栅格凹板受力示意图

半喂入联合收割机脱粒装置和全喂入联合收割机纹杆式脱粒装置均为栅格凹板,在脱粒过程中,籽粒等混合物不断通过栅格凹板分离使脱粒室作物质量不断减小,但茎秆质量减小不多,以喂入时的作物质量计算作物对栅格凹板产生的正压力。这里引入前人建立的数学模型 a、b。

6.4.1　栅格凹板受力——数学模型 a

全喂入联合收割机纹杆—栅格凹板脱粒装置作业时,对于脱粒作物压缩层作用在栅格凹板上的挤压力和离心力等问题,苏联学者 M. A. 普式兑金建立了纹杆对作物的近似经验公式;B. Г. 阿特平经过大量试验,认为脱粒作物对栅格凹板压力等于离心力,并建立了数学模型。

（1）脱粒作物压缩层对栅格凹板的正常压力（M. A. 普式兑金）

$$p_N = 29.43 \frac{b_0 \eta l A \exp C}{\exp C \delta \rho v_{BX} \eta l / q} \tag{6-4}$$

其显性表达为

$$p_N = 29.43 \frac{b_0 \eta l A e^c}{e^{C \delta \rho v_{BX} \eta l / q}} \tag{6-5}$$

式中：p_N——脱粒作物压缩层作用在栅格凹板的正常压力，N；

29.43——系数，即 3×9.81，其中 3 为临界数，作物遭受滚筒齿板与一根凹板隔条打击的力矩，9.81 为自由落体加速度，m/s^2；

b_0——凹板隔条厚度，m；

l——滚筒长度，m；

η——滚筒长度利用系数，$\eta = 0.7 \sim 0.8$；

A——作物单位面积产量，kg/m^2；

e——自然对数的底，e = 2.71828；

C——系数，以小麦为例，小麦谷草比为 1∶1.87 时，$C = 12$；

δ——凹板入口间隙，m；

ρ——脱粒作物进入脱粒装置前的密度，kg/m^3；

v_{BX}——作物在脱粒装置入口的移动速度，m/s；

q——脱粒作物喂入量，kg/s。

（2）脱粒作物对栅格凹板的离心力（В. Г. 阿特平）

脱粒作物压缩层作用在栅格凹板的离心力由下式表示：

$$p_L = m v^2 / R \tag{6-6}$$

若以喂入量 q 和凹板包角 φ 表示作物压缩层质量 m，以滚筒转速 n 和半径 R 表示速度 v，则离心力公式可由下式表示：

$$p_L = 10.47 \times 10^{-2} q n \varphi R \tag{6-7}$$

式中：p_L——脱粒作物压缩层作用在栅格凹板的离心力，N；

q——脱粒作物喂入量，kg/s；

n——滚筒转速，r/min；

φ——凹板包角，rad；

R——滚筒半径，m。

（3）脱粒作物对栅格凹板正压力与离心力的关系

根据喂入量计算的离心力与根据 M. A. 普式兑金经验公式计算的结果很相近。对于纹杆—栅格凹板脱粒装置的不同转速，B. Г. 阿特平通过研究不同喂入量等条件下栅格凹板所受的离心力的实验得出的结论是：在某喂入量 q 和滚筒转速 n 下，将同一条件下的一组 v_{BX} 和 δ 值代入式（6-4）得到正压力 $N \approx P_N$，近似等于同一条件下由式（6-6）求得的离心力 P_L，即

$$N \approx P_N \approx P_L \tag{6-8}$$

B. Г. 阿特平通过对 СКД-5 联合收割机进行实验后得到的数据是：以 $n = 700$ r/min，$q = 3$ kg/s，$\varphi = 2.23$ rad，$R = 0.275$ m，$b_0 = 0.008$ m，$l = 1.2$ m，$\eta = 0.7$，$\rho = 40$ kg/m³，$A = 1$ kg/m²，$C = 12$，$v_{BX} = 1.57$ m/s，$\delta = 25.9$ mm 代入式（6-4）和式（6-6），可得 $N \approx P_N \approx P_L = 135$ N。

6.4.2　栅格凹板受力——数学模型 b

全喂入联合收割机脱粒装置作业时，作物由于受到脱粒元件和凹板的挤压产生了正压力，学者 HUYNH V M 等基于此建立了以下数学模型。

$$p_r = k_p \left(\frac{C_{max}}{C} \right)^n \tag{6-9}$$

其中，
$$C_{max} = \frac{q\Delta}{(1+\Delta)\rho vw} \tag{6-10}$$

式中：p_r——脱粒作物对凹板的正压力，N；

k_p——压缩系数；

C_{max}——非谷粒物料自然铺放的高度，mm；

C——凹板后部的间隙，mm；

n——指数；

q——喂入量，kg/s；

Δ——草谷比；

ρ——非谷粒物料自然铺放的密度，kg/m³；

v——茎秆在凹板的平均线速度，m/s；

w——凹板后部的宽度，m。

6.4.3　脱粒作物对栅格凹板的正压力（离心力）微分方程

由于脱粒作物对栅格凹板的正压力近似等于离心力，因此可以通过

脱粒作物的离心力求得它对栅格凹板的正压力。如图 6-5 所示，dm 表示处于 $d\theta$ 微转角中的脱粒物料微质量，φ 表示回转栅格凹板包角，R_1 表示回转栅格凹板内表面至脱粒滚筒轴心的距离。

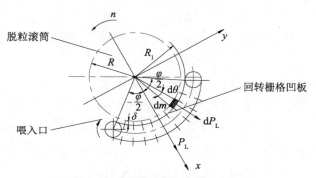

图 6-5　回转式栅格凹板微离心力示意图

凹板间隙中的作物在脱粒过程中随脱粒滚筒旋转，脱粒物料受到离心力的作用。离心力作用于栅格凹板，脱粒物料微单元所受的微离心力可用下式表示：

$$dP_L = dm \frac{v^2}{R} = q \cdot \frac{60}{n} \cdot \frac{d\theta}{2\pi} \cdot \frac{v^2}{R} = \frac{30qv^2}{n\pi R} d\theta \tag{6-11}$$

整个栅格凹板受到 x 方向的离心力（作用于栅格凹板的正压力）为

$$P_L = \int dP_L \cos\theta = \int_{-\frac{\varphi}{2}}^{\frac{\varphi}{2}} \frac{30qv^2}{n\pi R} \cos\theta d\theta \tag{6-12}$$

根据牛顿-莱布尼茨公式，有

$$P_L = \int_{-\frac{\varphi}{2}}^{\frac{\varphi}{2}} \frac{30qv^2}{n\pi R} \cos\theta d\theta$$

$$= \left[\frac{30qv^2}{n\pi R} \sin\varphi \right]_{-\frac{\varphi}{2}}^{\frac{\varphi}{2}}$$

$$= \frac{30qv^2}{n\pi R} \sin\frac{\varphi}{2} - \frac{30qv^2}{n\pi R} \sin\left(-\frac{\varphi}{2}\right)$$

$$= \frac{60qv^2}{n\pi R} \sin\frac{\varphi}{2} \tag{6-13}$$

式中：dP_L——脱粒物料微单元所受的微离心力（作用于栅格凹板的微正

压力),N;

　　dm——脱粒物料微质量,kg;

　　$\dfrac{60}{n} \cdot \dfrac{\mathrm{d}\theta}{2\pi}$——脱粒物料通过微转角 d$\theta$ 的时间,s;

　　v——脱粒物料圆周速度,m/s;

　　dθ——脱粒物料微转角,rad;

　　θ——脱粒物料微单元与 x 轴的夹角,(°);

　　R——滚筒半径,m;

　　φ——回转栅格凹板的包角,rad;

　　q——脱粒作物喂入量,kg/s;

　　n——滚筒转速,r/min。

6.4.4　回转栅格凹板运行阻力

(1) 脱粒作物对栅格凹板正压力引起的摩擦阻力 F_f

脱粒过程中回转栅格凹板受到的离心力 P_L(作用于栅格凹板的正压力)使作物在回转栅格凹板内表面产生了摩擦力 F_f,即

$$F_\mathrm{f} = \mu P_\mathrm{L} \tag{6-14}$$

式中:μ 为脱粒作物对栅格凹板的阻力系数,取 $\mu = 0.35$。由于牵引回转栅格凹板的套筒滚子链在弧形轨道的下平面运行,因此作物对栅格凹板的正压力有减轻链条与弧形轨道摩擦力的作用。

(2) 回转栅格凹板牵引链条在曲线轨道运动的阻力

回转栅格凹板工作时,牵引链条的套管在曲线轨道处于滚动和滑动状态,增大了阻力,若按滑动计算,则增大后的阻力根据欧拉公式计算:

$$F_\mathrm{e} = S \cdot e^{f\gamma} \tag{6-15}$$

式中:F_e——牵引链条曲线轨道阻力,N;

　　e——自然对数的底数;

　　f——滑动摩擦系数;

　　γ——绕入链条和绕出链条的夹角,rad;

　　S——链条在直线轨道工作时的圆周力,N,其计算公式为

$$S = 1000 \dfrac{P}{v} \tag{6-16}$$

P——回转栅格凹板主动轮和从动轮水平配置时的空载驱动功

率,kW;

　　v——回转栅格凹板工作线速度,m/s。

（3）回转栅格凹板牵引链条的总阻力 F_S

回转栅格凹板牵引链条的总阻力用下式计算:

$$F_S = F_f + F_e = \mu P_L + S \cdot e^{f\gamma} \tag{6-17}$$

6.4.5　回转栅格凹板牵引链条驱动力和驱动力矩

牵引链条的驱动力和驱动力矩有如下公式:

$$\begin{cases} F \geqslant F_S \\ M_A = F \cdot r \end{cases} \tag{6-18}$$

式中:F——牵引链条驱动力,N;

　　M_A——牵引链条驱动力矩,N·m;

　　r——回转栅格凹板牵引链条驱动链轮半径,m。

6.5　被脱粒物质点 M 在回转式栅格凹板脱粒装置中的动力学分析

6.5.1　被脱粒物质点回转凹板侧受力

在脱粒过程中,被脱粒物质点 M 除了受到重力 mg 的作用外,还受到弓齿的主动力 F_t 和回转栅格凹板的主动力 F_a,以及由此产生的被动力 $\mu_t F_t$、$\mu_a F_a$、F_S 和 $\mu_S F_S$ 等的作用,如图 6-6a 所示,其速度图如图 6-6b 所示。

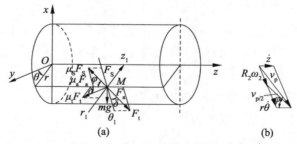

图 6-6　被脱粒物质点 M 在回转凹板侧受力图和速度图

图 6-6a 中,r-θ-z 为与被脱粒物以同一角速度回转的圆柱坐标系,原点固定在圆心上,r_1、θ_1、z_1 分别表示被脱粒物质点 M 在该位置的径向位移、角位移和轴向位移。已知参数如下:m 为被脱粒物质点 M 的质量;F_t 为弓齿对被脱粒物质点 M 的作用力,$\mu_t F_t$ 为脱粒齿对被脱粒物质点 M 的摩擦

阻力;F_a 为被脱粒物质点 M 所受回转凹板的作用力,$\mu_a F_a$ 为被脱粒物质点 M 所受回转凹板表面的摩擦阻力;F_S 为被脱粒物质点 M 所受的回转凹板表面垂直反力(指向圆心),$\mu_S F_S$ 为被脱粒物质点 M 所受的回转凹板表面摩擦阻力(位于过 M 点的圆柱切平面内);μ_t 为被脱粒物质点 M 对脱粒齿的动摩擦系数;μ_a 为回转凹板表面对被脱粒物质点 M 的阻力系数;μ_S 为回转凹板表面对被脱粒物质点 M 的阻力系数,取 $\mu_t = \mu_a = \mu_S = 0.35$;$\delta$ 为脱粒齿的工作角,(°);φ 为摩擦阻力 $\mu_S F_S$ 与回转凹板母线的夹角,(°)。图 6-6b 中,$\dot{z}$ 为被脱粒物质点 M 的轴向速度,m/s;$r\dot{\theta}$ 为被脱粒物质点 M 的线速度,m/s;$R_2 \omega_2$ 为回转凹板线速度,m/s;v_p 为被脱粒物质点 M 的绝对速度;$v_{p/2}$ 为被脱粒物质点 M 相对于回转凹板的速度,m/s。各力过 M 点在圆柱截面和圆柱切面上的分布如图 6-7 所示,在 r_1、θ_1、z_1 方向的分力如表 6-1 所示。

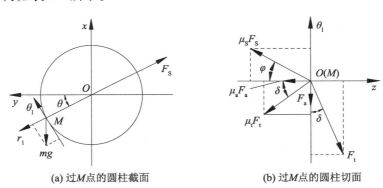

(a) 过 M 点的圆柱截面　　　　　(b) 过 M 点的圆柱切面

图 6-7　被脱粒物质点 M 处的受力图

表 6-1　各力在 r_1、θ_1、z_1 方向的分力

作用力	r_1 方向分量	θ_1 方向分量	z_1 方向分量
mg	$mg\sin\theta$	$-mg\cos\theta$	0
F_S	$-F_S$	0	0
$\mu_S F_S$	0	$\mu_S F_S \sin\varphi$	$-\mu_S F_S \cos\varphi$
F_t	0	$-F_t \cos\delta$	$F_t \sin\delta$
$\mu_t F_t$	0	$-\mu_t F_t \sin\delta$	$-\mu_t F_t \cos\delta$
F_a	0	$-F_a$	0
$\mu_a F_a$	0	0	$-\mu_a F_a$

6.5.2 单位质点回转凹板侧动力学微分方程

根据各力在 r_1、θ_1、z_1 方向的投影,可建立单位质点在 r-θ-z 坐标系中的动力学微分方程,根据达朗贝尔原理有

$$\begin{cases} -r\dot{\theta}^2 = g\sin\theta - F_S \\ r\ddot{\theta} = g\cos\theta - \mu_S F_S \sin\varphi + F_t(\cos\delta + \mu_S\sin\delta) + F_a \\ \ddot{z} = -\mu_S F_S\cos\varphi + F_t\sin\delta - \mu_t F_t\cos\delta - \mu_a F_a \end{cases} \tag{6-19}$$

$$F_S = r\dot{\theta}^2 + g\sin\theta \tag{6-20}$$

$$F_a = r\ddot{\theta} - g\cos\theta + \mu_S F_S\sin\varphi - F_t(\cos\delta + \mu_t\sin\delta) \tag{6-21}$$

$$F_t = \frac{m'\lambda v\sin\gamma}{(1-f)\cos\varphi} \tag{6-22}$$

$$\varphi = \tan^{-1}\left(\frac{r\dot{\theta}}{\dot{z}}\right) \tag{6-23}$$

$$\delta = K_1\left(\frac{\pi}{2} - \psi\right)L_t K_2 \tag{6-24}$$

式中:$r\dot{\theta}^2$——离心力,单位质点物料质量 1 和法向加速度 $r\dot{\theta}^2$ 的乘积,N;

$r\ddot{\theta}$——切向力,单位质点物料质量 1 和切向加速度 $r\ddot{\theta}$ 的乘积,N;

$\ddot{z}$——轴向力,单位质点物料质量 1 和轴向加速度 $\ddot{z}$ 的乘积,N;

$g\sin\theta$、$g\cos\theta$——单位质点物料质量 1 和重力加速度 g 乘积的分量,N;

m'——单位时间喂入的谷物质量,kg/s;

λ——被脱物圆周速度修正系数;

v——被脱粒物质点 M 的圆周速度,m/s;

γ——滚筒盖导向板螺旋角,(°);

φ——作物与导向板摩擦角,(°);

f——搓擦系数,取 0.75;

ψ——弓齿排列螺旋角,(°);

L_T——脱粒齿导程,m;

K_1、K_2——实验系数,$K_1 = 0.417\exp(-25\alpha^2)$,$\alpha$ 为脱粒滚筒圆锥角,$\alpha = 0$ 时,$K_1 = 1$,$K_2 = -0.1$。

6.6　回转式栅格凹板功率消耗

$$N_A = \frac{M_A n_A}{9545} \qquad (6-25)$$

式中：N_A——回转栅格凹板的功率消耗，kW；

$\quad\ M_A$——回转栅格凹板牵引链条驱动力矩，N·m；

$\quad\ n_A$——回转栅格凹板牵引链条驱动链轮转速，r/min。

4LBZ-150 型半喂入水稻联合收割机弓齿式脱粒滚筒和回转式栅格凹板如图 6-8 所示。

(a) 弓齿式脱粒滚筒

(b) 回转式栅格凹板

图 6-8　4LBZ-150 型半喂入联合收割机

第7章　风筛式清选机构动力学分析

7.1　振动清选筛驱动机构动力学分析

7.1.1　振动清选筛驱动机构及悬吊机构

水稻联合收割机一般采用曲柄连杆机构驱动清选筛。图 7-1a 所示为一清选筛常用驱动机构（曲柄连杆机构）运动及受力情况。振动清选筛机构由两组机构组成，即清选筛驱动机构 *ABCD* 和筛箱及悬吊机构 *DEHG*，驱动吊杆 *DE* 和摇杆 *CD* 刚性连接，曲柄连杆机构 *ABCD* 通过摇杆 *CD* 的固定轴 *D* 由吊杆 *DE* 驱动 *DEHG* 工作，筛箱及悬吊机构 *DEHG* 工作过程中产生的负荷通过 *D* 轴传递给曲柄连杆机构 *ABCD*。曲柄连杆机构运动速度图和加速度图分别如图 7-1b 和图 7-1c 所示。

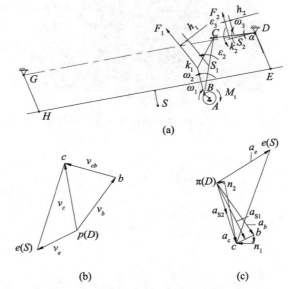

图 7-1　曲柄连杆机构 *ABCD* 受力及其速度图和加速度图

7.1.2　曲柄连杆机构 ABCD 速度、加速度和受力分析

在不计摩擦和通过 D 轴传递到曲柄连杆机构的筛箱负荷的情况下，曲柄连杆机构 $ABCD$ 主要受到三种外力的作用:连杆 BC 的惯性力 F_1、摇杆 CD 的惯性力 F_2 和平衡力矩(驱动力矩) M_t。连杆 BC 做一般平面运动，摇杆 CD 做定点转动。根据理论力学，构件惯性效果为一主矢量 F 和主力偶矩 M。主矢量 F_1/F_2 分别作用在构件重心 S_1/S_2 上，与构件重心 S_1/S_2 的加速度方向相反，主力偶矩 M_1/M_2 与构件的角加速度方向相反，故有

$$F_i = -m_i a_{Si} \tag{7-1}$$

$$M_i = -J_{Si} \varepsilon_i \tag{7-2}$$

式中: F_i——作用于构件上的惯性力，N；

　　　m_i——构件的质量，kg；

　　　a_{Si}——构件重心的加速度，m/s^2；

　　　M_i——作用于构件上的主力偶矩，N·m；

　　　J_{Si}——构件对过其重心轴的转动惯量，kg·m^2；

　　　ε_i——构件角加速度，rad/s^2。

主矢量 F_i 与主力偶矩 M_i 可简化为该构件的一个主矢量 F。连杆 BC 做一般平面运动，简化后主矢量 F_1 作用于 k_1 点，k_1 点的位置应按第 1 章 1.3.1 中的方法求得；摇杆 CD 做定点转动，简化后主矢量 F_2 作用于回转中心与构件重心连线延长线上的 k_2 点。简化后主矢量 F_1/F_2 的大小和方向与简化前相同，如图 7-1a 所示。F_1/F_2 与构件重心 S_1/S_2 的垂直距离分别为 h_1/h_2，h_1/h_2 近似按定点运动处理，故有

$$h_1 = \frac{M_1}{F_1}, h_2 = \frac{M_2}{F_2} \tag{7-3}$$

7.1.3　筛箱及悬吊机构 DEHG 受力分析

筛箱及悬吊机构工作过程中产生的负荷除了筛箱和物料重力 $(m_6 g)$ 之外，主要有吊杆 DE(双侧)、吊杆 GH(双侧)和筛箱 EH 的惯性力 F_3、F_4、F_5。吊杆 DE 和 GH 做定点转动，简化后 F_3/F_4 作用于 k_3/k_4 点，由于吊杆 DE 和吊杆 GH 均为双侧，故记为 $2F_3/2F_4$。由于曲柄半径比清选筛吊杆长度短得多，可近似认为筛面 EH 做平移运动，主力偶矩 $M_i = 0$，仅存在惯性力 F_5 作用于清选筛箱重心 S_5，S_5 的加速度与 E 点相同。以上诸力对 D

轴产生的力矩分别为 $M_3/M_4/M_5/M_6$，这 4 个力矩之和记为 M_D，作用于 D 轴。清选筛筛箱及悬吊机构 $DEHG$ 受力与驱动机构 $ABCD$ 受力如图 7-2 所示。

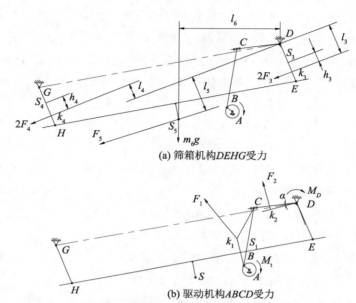

(a) 筛箱机构 $DEHG$ 受力

(b) 驱动机构 $ABCD$ 受力

图 7-2　筛箱及悬吊机构 $DEHG$ 受力与驱动机构 $ABCD$ 受力

图中各量满足以下关系：

$$\begin{cases} M_3 = 2F_3 \cdot l_3 \\ M_4 = 2F_4 \cdot l_4 \\ M_5 = F_5 \cdot l_5 \\ M_6 = m_6 g \cdot l_6 \end{cases} \quad (7\text{-}4)$$

$$M_D = M_3 + M_4 + M_5 + M_6 \quad (7\text{-}5)$$

式中：M_3、M_4、M_5、M_6——筛箱及悬吊机构所受诸力对 D 轴生成的力矩，$N \cdot m$；

l_3、l_4、l_5、l_6——诸力对 D 轴的力臂长度，m。

7.1.4　驱动机构及筛箱悬吊机构动力学平衡

驱动机构及筛箱悬吊机构总受力如图 7-3a 所示。

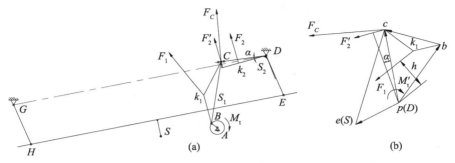

图 7-3　清选筛驱动机构总受力及平衡力矩

根据驱动机构总受力，筛箱悬吊机构对 D 轴生成的总力矩 M_D 可表示为作用于驱动机构 C 点的力 F_C 与摇杆长度 l_{CD} 的乘积，即 $M_D = F_C \cdot l_{CD}$；驱动机构上作用于 k_2 点的惯性力 F_2 对 D 点的力矩 $F_2 \cdot \overline{k_2D}$ 与 F'_2 对 D 点的力矩 $F'_2 \cdot \overline{CD}\cos\alpha$ 等效，故以 F'_2 代替 F_2 作用于 C 点。根据虚位移原理，具有理想约束的系统处于平衡状态时，所有作用于该系统的外力在任何虚位移中的元功之和为零。利用茹柯夫斯基杠杆法，可求得机构位于任何位置的平衡力矩 M_t：将图 7-3a 中的惯性力 F_1、F'_2 和 F_C 逆时针旋转 $90°$ 移到速度图相应点上，平衡力矩 M_t 回转方向不变移到速度图相应点上成为 M'_t（见图 7-3b），可求得作用于机构上的平衡力矩 M_t：

$$\sum M = 0$$

$$M'_t = F_C \cdot \overline{pc} + F_1 \cdot h + F'_2 \cdot \overline{pc}\cos\alpha \qquad (7\text{-}6)$$

机构图中的实际平衡力矩为

$$M_t = \frac{l_{AB}}{\overline{pb}} M'_t \qquad (7\text{-}7)$$

式中：M'_t——速度图上平衡力矩，$N \cdot m$；

$\quad\quad M_t$——机构图上平衡力矩，$N \cdot m$；

$\quad\quad \overline{pc}$——速度图上力 F_C 与 p 点的垂直距离，m；

$\quad\quad h$——惯性力 F_1 与速度图上 p 点的垂直距离，m；

$\quad\quad \alpha$——惯性力 F'_2 与 F_C 的夹角，$(°)$；

$\quad\quad l_{AB}$——曲柄长度，m；

$\quad\quad \overline{pb}$——速度图上 p、b 两点的距离，m。

7.1.5 振动清选筛功率消耗

$$N_z = Q_z N_0 / \varepsilon \qquad (7-8)$$

式中：N_z——振动筛所需功率，kW；

Q_z——进入振动筛的谷草混合物喂入量，kg/s；

ε——系数，取 0.9；

N_0——振动筛单位生产率所需功率，kW/($kg \cdot s^{-1}$)，上筛取 40% ~ 55%，下筛取 25% ~ 30%，逐稿器 $N_0 = 0.37 \sim 0.59$ kW。

振动筛所需功率 N_z 也可以通过平衡力矩 M_t 求得，公式如下：

$$N_z = \frac{M_t n_z}{9545} \qquad (7-9)$$

式中：n_z——曲柄转速。

7.2 清选筛上物料动力学分析

7.2.1 清选筛运动特性与筛面上物料受力

由于曲柄半径比清选筛吊杆长度短得多，所以可近似认为筛面做直线摆动。设曲柄中心和筛架连接点的连线（x 轴）垂直于吊杆摆动的中间位置，并以曲柄最左端位置作为位移和时间的起始相位，如图 7-4 所示，则筛面的位移 x、速度 v_x、加速度 a_x 与时间的关系为

$$x = -r\cos \omega t$$

$$v_x = \frac{\mathrm{d}v}{\mathrm{d}t} = \omega r \sin \omega t \qquad (7-10)$$

$$a_x = \frac{\mathrm{d}v_x}{\mathrm{d}t} = \omega^2 r \cos \omega t$$

式中：ω——曲柄角速度，rad/s；

r——曲柄半径，m。

物料在筛面上的受力主要有重力 mg、惯性力 F_q、筛面法向支反力 N（由 mg 与 F_q 的筛面垂直分力生成）、筛面摩擦力 F_f，在筛面形成一个力系。当物料惯性力 F_q 的筛面分力与重力 mg 的筛面分力之和大于筛面摩擦力 F_f 时，物料有沿筛面向筛前滑动的趋势（见图 7-4a）；当物料惯性力 F_q 的筛面分力与重力 mg 的筛面分力之差大于筛面摩擦力 F_f 时，物料有沿筛面向筛后（筛尾）滑动的趋势（见图 7-4b）。

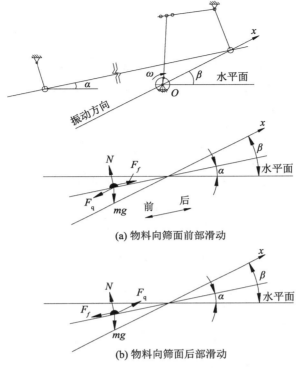

(a) 物料向筛面前部滑动

(b) 物料向筛面后部滑动

图 7-4 清选筛运动及物料在筛面上的受力分析

7.2.2 物料沿筛面向筛前、筛后滑动和抛离筛面的条件

为充分利用清选筛对脱出混合物进行分离筛选,并使籽粒有较多机会落入筛孔,应保证脱出混合物沿筛面向上(筛尾)和向下(筛前)滑动,并使之向下(筛前)滑动的距离大于向上(筛尾)滑动的距离,且不抛离筛面。因此需正确选择清选筛及其驱动机构的结构参数和工作参数,如曲柄半径 r、转速 n、筛面与水平面的夹角 α 和坐标轴 x 与水平面夹角的 β 等。

设质量为 m 的物料和筛子一起运动,曲柄顺时针旋转。以曲柄最左端的位置为起始点,当 ωt 在 $\left[0 \sim \dfrac{\pi}{2}\right]$ 和 $\left[\dfrac{3\pi}{2} \sim 2\pi\right]$ 两个区间内时,惯性力 F_q 为"−",方向沿 x 轴向左,物料有向筛面前部滑动的趋势(见图 7-4a)。根据达朗贝尔原理,向筛面前部滑动的极限条件为

$$F_q \cos(\beta-\alpha) + mg\sin\alpha = F_f \qquad (7-11)$$

式中:F_q——惯性力,$F_q = m\omega^2 r\cos\omega t$;

F_f——摩擦力，$F_f = N\tan\varphi$；

N——法向反力，$N = F_q\sin(\beta-\alpha) + mg\cos\alpha$；

φ——摩擦角。

将 $F_f = N\tan\varphi$ 和 F_q 代入式(7-11)，有

$$F_q\cos(\beta-\alpha) + mg\sin\alpha = [F_q\sin(\beta-\alpha) + mg\cos\alpha]\tan\varphi$$

移项简化后可得

$$\frac{\omega^2 r}{g}\cos\omega t = \frac{\sin(\varphi-\alpha)}{\cos(\beta-\alpha+\varphi)}$$

式中：$\dfrac{\omega^2 r}{g}$ 称为筛子运动的加速度比。由于 $\cos\omega t \leqslant 1$，因此欲使物料向筛面前部滑动，必须使筛子运动的加速度比保持下列条件，即使物料向筛面前部滑动的条件为

$$\frac{\omega^2 r}{g} > \frac{\sin(\varphi-\alpha)}{\cos(\beta-\alpha+\varphi)} = k_1 \tag{7-12}$$

当 ωt 在 $\left[\dfrac{\pi}{2} \sim \pi\right]$ 和 $\left[\pi \sim \dfrac{3\pi}{2}\right]$ 两个区间内时，惯性力 F_q 为"+"，方向沿 x 轴向右，物料有向筛面后部滑动的趋势。根据达朗贝尔原理，向筛面后部滑动的极限条件为

$$F_q\cos(\beta-\alpha) - mg\sin\alpha = F_f$$

法向反力 N 为

$$N = mg\cos\alpha - F_q\sin(\beta-\alpha)$$

将 F_q 和 $F_f = N\tan\varphi$ 代入移项简化后，可求得使物料向筛面后部滑动的条件为

$$\frac{\omega^2 r}{g} > \frac{\sin(\varphi+\alpha)}{\cos(\beta-\alpha-\varphi)} = k_2 \tag{7-13}$$

当惯性力 F_q 为"+"沿 x 轴向右，筛面对物料的法向反力为

$$N = mg\cos\alpha - F_q\sin(\beta-\alpha) = mg\cos\alpha - m\omega^2 r\cos\omega t\sin(\beta-\alpha)$$

随着 $\omega^2 r$ 增大，法向反力 N 减小，当 $\omega^2 r$ 增至某一值时，$N=0$，物料被抛离筛面，故物料被抛离筛面的条件为

$$\frac{\omega^2 r}{g} > \frac{\sin\alpha}{\cos(\beta-\alpha)} = k_3 \tag{7-14}$$

根据脱出物沿筛面向前滑动、向后滑动和抛离筛面的条件 k_1、k_2、k_3，

可求得曲柄转速 n，且要求 $n_3 > n > n_2 > n_1$。以上分析没有考虑风扇气流的作用，有风扇气流作用的情况更复杂。但可看出，脱出物在筛面的运动情况除了受风扇气流的影响之外，主要取决于筛子的运动加速度比 k、筛面的水平倾角 α、筛子振动方向（x 轴）的倾角 β 和脱出物与筛面的摩擦角 φ。现有的联合收割机振动清选筛的曲柄半径 $r = 23 \sim 30$ mm，则取 $k = \dfrac{\omega^2 r}{g} = 2.2 \sim 3$。

7.3　离心式清选风扇动力学分析

7.3.1　离心式清选风扇理论压头

离心风扇的叶轮在外动力驱动下高速旋转，从进风口进入叶轮的空气径向进入叶轮叶片，在离心力作用下被排出机壳，此时叶轮中心产生一定的真空度，空气不断从进风口吸入叶轮使风扇工作。设叶片进口点为 1，出口点为 2，每秒钟通过的空气分子质量为 m，进口点 1、出口点 2 的牵连速度 u_1/u_2、相对速度 w_1/w_2、绝对速度 v_1/v_2 及方向角如图 7-5 所示。

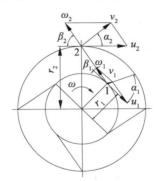

图 7-5　清选风扇叶轮工作示意图

在进口点 1 获得的速度为

$$u_1 = r_1 \omega$$
$$v_1 = u_1 + \omega_1$$

（7-15）

在出口点 2 获得的速度为

$$u_2 = r_2 \omega$$
$$v_2 = u_2 + \omega_2$$

（7-16）

在进口点 1 和出口点 2 获得的动量矩为

$$\begin{cases} M_1 = mv_1r_1\cos\alpha_1 \\ M_2 = mv_2r_2\cos\alpha_2 \end{cases} \tag{7-17}$$

单位时间(每秒)质量为 m 的空气分子从进口点 1 到出口点 2 的动量矩变化为

$$\begin{aligned} \Delta M &= M_2 - M_1 \\ &= m(v_2r_2\cos\alpha_2 - v_1r_1\cos\alpha_1) \\ &= \frac{V\gamma}{g}(v_2r_2\cos\alpha_2 - v_1r_1\cos\alpha_1) \end{aligned}$$

根据动量矩定理,单位时间内动量矩变化等于外界施加的力矩 M。离心风扇轴上的力矩为

$$M = \frac{V\gamma}{g}(v_2r_2\cos\alpha_2 - v_1r_1\cos\alpha_1) \tag{7-18}$$

上式两边乘 ω 得到风扇获得的能量 L(功耗)为

$$\begin{aligned} L &= M\omega \\ &= \frac{V\gamma\omega}{g}(v_2r_2\cos\alpha_2 - v_1r_1\cos\alpha_1) \\ &= \frac{V\gamma}{g}(v_2u_2\cos\alpha_2 - v_1u_1\cos\alpha_1) \end{aligned} \tag{7-19}$$

理论上每立方米空气从风扇获得的能量(理论压头)为

$$p_e = \frac{\gamma}{g}(v_2u_2\cos\alpha_2 - v_1u_1\cos\alpha_1) \tag{7-20}$$

式中:u_1、u_2——空气在进、出口点获得的圆周(牵连)速度,m/s;

r_1、r_2——叶轮圆心至空气进、出口点的距离(半径),m;

ω——风扇叶轮角速度,rad/s;

w_1、w_2——空气在进、出口点获得的相对速度(沿叶片切线),m/s;

v_1、v_2——空气在进、出口点获得的绝对速度,m/s;

M_1、M_2——空气分子在进口点 1、出口点 2 获得的动量矩,kg·m²/s;

α_1、α_2——空气分子在进口点 1、出口点 2 绝对速度与圆周(牵连)速度的夹角,(°);

V——空气流量,m³/s;

γ——空气容重,N/m³;

g——重力加速度,m/s²。

由于空气从径向进入叶轮叶片，$\alpha_1 \approx 90°$，$\cos \alpha_1 \approx 0$，外界的机械功理论上使每立方米的能量（压头）为 P_e，风扇的基本方程为

$$P_e = \frac{\gamma}{g} v_2 u_2 \cos \alpha_2 \qquad (7-21)$$

P_e 为理论压头，由于气流通过风扇时产生涡流对叶片冲击和摩擦等引起了能量损失，因此每立方米空气实际所获得的能量为

$$p = \eta p_e = \frac{\eta \gamma}{g} v_2 u_2 \cos \alpha_2 \qquad (7-22)$$

式中：η——风机效率，与风量大小有关，$\eta = 0.45 \sim 0.6$。

7.3.2　离心式清选风扇功率消耗

将式（7-18）两边分别乘以 ω，即为离心式清选风扇消耗功率，有

$$N_F = M\omega$$
$$= \frac{V\gamma\omega}{g}(v_2 r_2 \cos \alpha_2 - v_1 r_1 \cos \alpha_1)$$
$$= \frac{V\gamma}{g}(v_2 u_2 \cos \alpha_2 - v_1 u_1 \cos \alpha_1) \qquad (7-23)$$

由于 $\alpha_1 \approx 90°$，$\cos \alpha_1 \approx 0$，$v_1 u_1 \cos \alpha_1 = 0$，故离心式清选风扇消耗的功率为

$$N_F = \frac{V\gamma}{g} v_2 u_2 \cos \alpha_2 \qquad (7-24)$$

式中：N_F——离心式清选风扇所需功率，kW。

7.4　圆锥形离心式清选风扇动力学分析

圆锥形风扇除了有清选振动筛上脱出物的作用外，还有将振动筛上混合物进行横向均布的功能。圆锥形风扇有单圆锥形风扇和双圆锥形风扇两种。单圆锥形风扇（叶轮母线所形成的轨迹为圆锥形）用于横轴流式脱分选装置；双圆锥形风扇（叶轮由两个单圆锥风机叶轮小端相接而成）用于纵轴流式脱分选装置。横轴流式脱粒装置的脱出物在脱粒滚筒前端分离后堆积在振动筛前端一角，单圆锥形风扇利用圆锥形叶轮锥体两端的直径差所产生的风压差生成横向风，对正在分离下落的脱出物进行横向推送，从脱出物多的部位吹向少的部位，使脱出物下落到振动筛面后沿横向均匀分布。纵轴流式脱分选装置作业时，从栅格凹板分离的脱出物

虽经抖动板抖动,但落到振动筛上时仍为两侧多中间少,双圆锥形清选风扇生成的横向风沿轴线方向从两侧吹向中间,使筛面中心纵轴线上形成一堵"低风墙",脱出物在两端横向风作用下向"低风墙"均布,从而改善筛面分布,如图7-6所示。

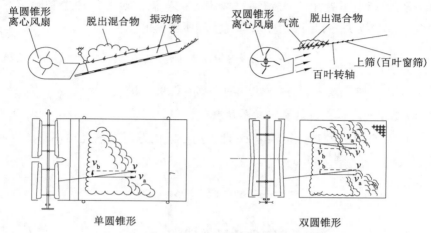

图7-6 圆锥形离心式清选风扇工作原理图

7.4.1 圆锥形叶轮大小端的风压差

由于圆锥形风扇叶轮大小端的直径不同,叶轮大小端的叶片出口处(点2)的绝对速度 v_2、牵连速度 u_2 及它们之间的夹角 α_2 也不同,从而使生成的风压 p 不同,形成了风压差,风压差生成了横向风速。在图7-5所示的速度平行四边形中,已知 u_2、v_2、β_2(结构角),可求得 α_2,将相关数据代入式(7-25)和式(7-26),可求得叶轮大、小端的风压 p_1、p_2。根据动能矩定理,单位体积风量的理论压头(风压)如下:

叶轮大端风压为

$$p_1 = \frac{\eta\gamma}{g} v_{21} u_{21} \cos \alpha_{21} \tag{7-25}$$

叶轮小端风压为

$$p_2 = \frac{\eta\gamma}{g} v_{22} u_{22} \cos \alpha_{22} \tag{7-26}$$

圆锥形风扇的方程为

$$p_\Delta = p_1 - p_2 = \frac{\eta\gamma}{g} (v_{21} u_{21} \cos \alpha_{21} - v_{22} u_{22} \cos \alpha_{22}) \tag{7-27}$$

式中：p_Δ——叶轮大、小端风压差，N·m；

　　　v_{21}、v_{22}——圆锥形风扇叶轮大、小端的叶片出口处（点 2）的绝对速度，m/s；

　　　u_{21}、u_{22}——圆锥形风扇叶轮大、小端的叶片出口处（点 2）的牵连速度，m/s；

　　　α_{21}、α_{22}——圆锥形风扇叶轮大、小端的叶片出口处（点 2）绝对速度与牵连速度的夹角，(°)；

　　　g——重力加速度，m/s²。

7.4.2　风压差产生横向风速

以圆锥形风扇大小端的动压差的 1/4 转换为动压 $p_{\Delta d}$ 并由大端向小端（高压端向低压端）传递，压力差产生的横向风速为 v_b，即

$$p_{\Delta d}=\frac{p_\Delta}{4}=\frac{\gamma}{2g}v_b^2$$

$$v_b=\sqrt{\frac{2gp_{\Delta d}}{\gamma}} \tag{7-28}$$

气流获得横向风速 v_b 后，单圆锥形风扇的横向气流从一端向另一端吹，双圆锥形风扇的横向气流从两端吹向中间。

7.4.3　横向风速作用下物料动力学分析

在横向风速 v_b 和下落速度 v_c 的共同作用下，被脱物质点侧的受力如图 7-7 所示。

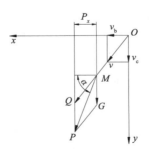

图 7-7　横向风速作用下被脱物质点 M 受力示意图

具有单圆锥形风扇的横轴流全喂入联合收割机清选装置，被脱物质点从凹板分离下落到清选筛过程中，除了有从凹板分离后下落的速度 v_c 外，还受到单圆锥形风扇所产生的横向风速 v_b 的作用，被脱物质点在下落

速度和横向速度的合速度 v 的作用下运动(见图 7-7)。被脱物质点 M 除了受重力 G 作用外,还受到沿合速度 v 方向的抛扔力 Q 的作用。被脱物质点受到的抛扔力大小与其加速度和质量有关,诸力可表示为

$$G = mg \tag{7-29}$$

$$Q = m\frac{\mathrm{d}v}{\mathrm{d}t} \tag{7-30}$$

$$P = Q + G = m\left(\frac{\mathrm{d}v}{\mathrm{d}t} + g\right) \tag{7-31}$$

式中:G——被脱物质点重力,N;

m——被脱物质点 M 的质量,kg;

g——重力加速度,m/s^2;

Q——抛扔力,N;

$\dfrac{\mathrm{d}v}{\mathrm{d}t}$——质点 m 的加速度,m/s^2;

P——重力 G 和抛扔力 Q 的合力,N;

v——质点的合成速度,m/s,$\boldsymbol{v} = \boldsymbol{v}_\mathrm{c} + \boldsymbol{v}_\mathrm{b}$。

合力 P 在 x 方向的分力 P_x 为

$$P_x = P\cos\ \alpha = m\left(\frac{\mathrm{d}v}{\mathrm{d}t} + g\right)\cos\ \alpha \tag{7-32}$$

P_x 使被脱物质点在凹板分离下落过程中横向扩散均布。式(7-32)表明,物料横向分力 P_x 与物料的质量和加速度有关。由于从凹板分离下落的脱出物成分不同、质量不同,受到的横向分力也不同,因此横向扩散的距离也不同。质量大的籽粒抛得远,均布效果明显。

7.4.4 圆锥形离心式清选风扇功率消耗

圆锥形清选风扇和圆柱形清选风扇一样,风扇叶轮出口处单位时间内动量矩变化,即为外部添加在风扇轴上的力矩,再两边乘以 ω,即为风扇消耗的功率。但由于圆锥形清选风扇叶轮外径从叶轮一端到另一端由大到小呈线性变化,故采用大、小端平均直径计算功耗:

$$r_{2\mathrm{p}} = \frac{r_{21} + r_{22}}{2} \tag{7-33}$$

$$N_\mathrm{R} = M\omega = \left(\frac{V\gamma}{g}v_{2\mathrm{p}}r_{2\mathrm{p}}\cos\ \alpha_{2\mathrm{p}}\right)\omega = \frac{V\gamma}{g}v_{2\mathrm{p}}u_{2\mathrm{p}}\cos\ \alpha_{2\mathrm{p}} \tag{7-34}$$

式中：r_{2p}——叶轮圆心至叶轮平均直径出口端的距离（半径），m；

r_{21}、r_{22}——叶轮圆心至圆锥形叶轮大端、小端出口端的距离（半径），m；

N_R——圆锥形清选风扇功率消耗，kW；

M——外界施加的力矩，N·m；

ω——叶轮角速度，rad/s；

u_{2p}——空气分子在平均直径叶片出口端获得的圆周速度，m/s；

v_{2p}——空气分子在平均直径叶片出口端获得的绝对速度，m/s；

α_{2p}——空气分子在叶片平均直径出口端的绝对速度与圆周速度的夹角，(°)；

V——空气流量，m³/s；

γ——空气容重，N/m³；

g——重力加速度，m/s²。

7.5　圆锥形/圆柱形清选风扇流场数值模拟

7.5.1　单圆锥形/圆柱形清选风扇流场数值模拟

（1）模型

单圆锥形和圆柱形清选风扇三维模型如图 7-8 和图 7-9 所示。

图 7-8　单圆锥形清选风扇三维模型　　　图 7-9　圆柱形清选风扇三维模型

（2）速度分布矢量图

单圆锥形/圆柱形清选风扇速度分布矢量图如图 7-10 和图 7-11 所示。对比两图可见，圆锥形风扇横向风速显著。

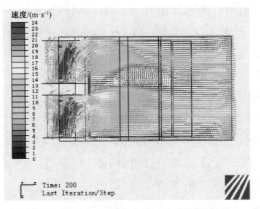

图 7-10 单圆锥形清选风扇速度分布矢量图(锥度 $\alpha=3.5°$)

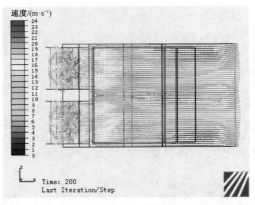

图 7-11 圆柱形清选风扇速度分布矢量图(锥度 $\alpha=0°$)

(3)风扇出风口横向风速

单圆锥形/圆柱形清选风扇出风口横向风速如图 7-12 和图 7-13 所示。对比两图可见,前者横向风速最高可达 4 m/s,后者则小于 1 m/s。

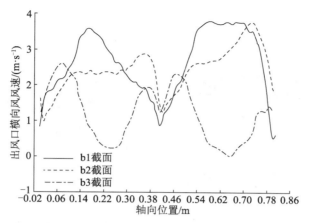

图 7-12 单圆锥形清选风扇出风口横向风速

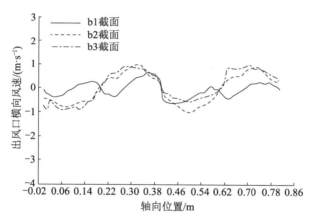

图 7-13 圆柱形清选风扇出风口横向风速

7.5.2 双圆锥形/圆柱形清选风扇流场数值模拟

（1）模型

双圆锥形/圆柱形清选风扇三维模型如图 7-14 和图 7-15 所示。

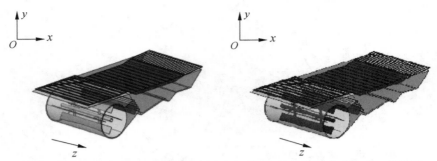

图 7-14　双圆锥形清选风扇三维模型　　图 7-15　圆柱形清选风扇三维模型

（2）出风口压强（z 向）

双圆锥形/圆柱形清选风扇出风口（z 向）压强如图 7-16 和图 7-17 所示。双比两图可见，在 z 向中部 350～400 mm 区间的平均压强，前者约 140 Pa，两侧约 160 Pa，说明前者 z 向两端与中部的压强差促使了横向风的产生，而后者压强差不明显。

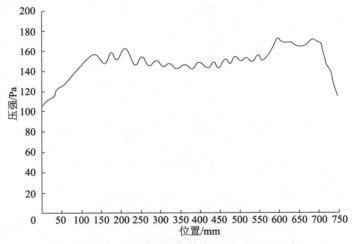

图 7-16　双圆锥形清选风扇出风口 z 向压强图

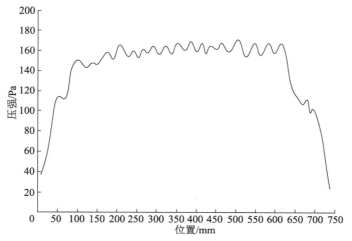

图 7-17　圆柱形清选风扇出风口 z 向压强图

（3）清选筛前部 z 向风速

清选筛前部 z 向风速如图 7-18 所示。深色线显示，双圆锥形风扇轴向两端（0 mm，750 mm）横向风速均大于 3 m/s，中间位置（350～400 mm）接近于0。可见，横向风从两侧吹向中间"低风墙"，圆柱形则不然（浅色线）。

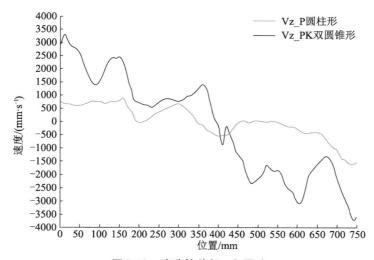

图 7-18　清选筛前部 z 向风速

第8章　径向清选风扇动力学分析

8.1　径向风扇结构和工作原理

为提高稻麦籽粒清选质量,半喂入联合收割机用吸入型径向风扇辅助清选。径向风扇配置在清选室尾部(振动筛上方),将清选室中的细小杂质和灰尘吸入并排出机外,图 8-1 所示为半喂入联合收割机上吸入型径向风扇的结构和工作原理。

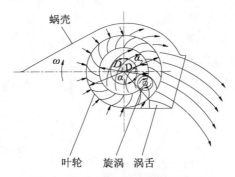

图8-1　径向风扇的结构和工作原理

径向风扇也称贯流风扇、横流风扇,1892 年由法国工程师莫尔特(Mortier)首先提出。径向风扇由叶轮和壳体两部分组成,上壳体呈弯状,可通过改变进气角 α_1 和叶轮转速 n 调整空气流量 Q 和流速 v。径向风扇与离心风扇的不同之处是其壳体两端封闭中间敞开,离心风扇则相反。径向风扇叶轮为多叶片式(叶栅)长圆筒形,叶片向前弯曲。叶轮旋转时,气流从叶轮敞开处 α_1 角(进气叶栅角)范围由叶轮外进入叶栅,穿过叶轮内部,从另一叶轮敞开处 α_2 角(排气叶栅角)范围排出。在此过程中,叶轮内部产生一个偏心旋涡(低压中心),使风扇内外产生很大压差。外部气流在整个风扇宽度上被源源不断地从叶轮的进气叶栅径向吸入后,随旋涡的切线方向穿越叶轮的排气叶栅,经壳体的扩散口排出。气流在二维空间流过叶轮且比较均匀是径向风扇的特点。旋涡中心的位置和涡核范围影响叶轮内的气流分布,一般认为涡核中心位于排气叶栅段的叶轮内圆上。旋涡的位置对径向风扇的性能影响较大,旋涡中心接近叶轮内圆且靠近涡舌,风机性能较好;反之,若旋涡中心离涡舌较远,则循环流的区域增大,风机效率降低,流量不稳定程度增加。叶轮内圆的流速是变化的,越靠近涡核边界,径向流速越大,越靠近蜗壳,则流速越小。在旋涡外,叶轮内的气流流线呈圆弧形。在风机出风口处,气流速度和压力不是均匀的,影响了风扇的压力和速度分布,因而径向风扇的流量系数及压力系数是平均值。径向风扇有如下特征:

① 具有较大的压力系数和流量系数,能以较小的叶轮直径和较低的转速满足清选要求。

② 气流贯穿叶轮流动,轴向长度不受限制;空气受进、排叶栅两次作用,气流能到达较远的距离。

③ 没有侧向进气口,不受侧向风影响,气流沿轴向分布均匀,中间部分风速较高,有利于物料清选。

④ 因气流在叶轮内被强制折转,故压头损失较大,效率较低。

8.2 径向风扇工作参数计算

选定模型径向风扇,根据其结构参数和工作参数测定相关数据,计算其压力系数、流量系数和功率系数。径向风扇的两个重要的参数是流量和风压,风压即气体在风扇内的压力升高值,也是风扇进、排气口气体压力之差。压力有静压 P_s、动压 P_d 和全压 P 之分,静压用于克服气流阻力,为气体对平行于气流的物体表面作用的压力,通过垂直于其表面的孔测出;动压为气流单位体积所具有的动能;全压为二者的代数和。模型径向风扇的压力系数、流量系数和功率系数由以下公式求得:

$$\overline{P} = \frac{60^2 Pg}{\pi^2 D_2^2 n^2 \gamma} \tag{8-1}$$

$$\overline{Q} = \frac{60Q}{\pi B n D_2^2} \tag{8-2}$$

$$\overline{N} = \frac{102 \times 60^3 Ng}{\pi^3 n^3 B D_2^4 \gamma} \tag{8-3}$$

设计径向风扇的压力、流量、功率和转速，可根据模型径向风扇压力系数、流量系数和功率系数由以下公式求得并作适当修正：

$$P = \frac{\pi^2 D_2^2 n^2 \gamma \overline{P}}{60^2 g} \qquad (8\text{-}4)$$

$$Q = \frac{\pi B n D_2^2 \overline{Q}}{60} \qquad (8\text{-}5)$$

$$N = \frac{\pi^3 n^3 B D_2^4 \overline{N} \cdot \gamma}{102 \times 60^3 g} \qquad (8\text{-}6)$$

$$n = \frac{60Q}{\pi B \overline{Q} D_2^2 k_z} \qquad (8\text{-}7)$$

根据径向风扇的压力、风速、流量和功率，可求得其他相关参数：

$$P_d = \frac{\gamma}{2g} v^2 \qquad (8\text{-}8)$$

$$h = \frac{Q}{vB} \qquad (8\text{-}9)$$

$$M = \frac{9545N}{n} \qquad (8\text{-}10)$$

式中：$\overline{P}$、$\overline{Q}$、$\overline{N}$——模型径向风扇的压力系数、流量系数、功率系数；

$\quad$ P、P_d——设计径向风扇的全压、动压，Pa；

$\quad$ v——径向风扇出口风速，m/s；

$\quad$ γ——空气容重，N/m³；

$\quad$ g——重力加速度，m/s²；

$\quad$ Q——径向风扇空气流量，m³/s；

$\quad$ h——径向风扇出风口的高度，m；

$\quad$ B——径向风扇的宽度，m；

$\quad$ n——径向风扇的叶轮转速，r/min；

$\quad$ N——径向风扇的功率，kW；

$\quad$ M——径向风扇轴的扭矩，N·m；

$\quad$ D_2——径向风扇叶轮外径，m；

$\quad$ k_z——叶轮叶片数修正系数，$k_z = \dfrac{\overline{Z}}{Z}$，其中 Z 为设计叶轮叶片数，$\overline{Z}$ 为

模型风扇叶轮叶片数。

8.3　径向风扇空气动力学分析

空气进/出叶轮的进气叶栅和排气叶栅的速度和方向角如图 8-2
所示。

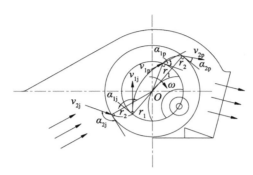

图 8-2　叶轮进气、排气叶栅的速度及方向示意图

径向风扇的叶轮工作时,空气进入叶轮叶栅、排出叶轮叶栅时都获得
能量。假设不考虑摩擦,且叶片数目相当多,根据透平机欧拉方程,空气
进入叶轮叶栅、排出叶轮叶栅时获得的理论能量可由以下公式表示:

$$P_j = \frac{\gamma\omega}{g}(r_1 v_{1j}\cos\alpha_{1j} - r_2 v_{2j}\cos\alpha_{2j}) \tag{8-11}$$

$$P_p = \frac{\gamma\omega}{g}(r_2 v_{2p}\cos\alpha_{2p} - r_1 v_{1p}\cos\alpha_{1p}) \tag{8-12}$$

式中:P_j、P_p——空气进入、排出叶轮时所获得的能量,Pa;

r_1、r_2——叶轮内径、外径,m;

v_{2j}、v_{1j}——空气进入、离开进气叶栅叶片时的速度,m/s;

α_{2j}、α_{1j}——空气进入、离开进气叶栅叶片时速度的方向角,(°);

v_{1p}、v_{2p}——空气进入、离开排气叶栅叶片时的速度,m/s;

α_{1p}、α_{2p}——空气进入、离开排气叶栅叶片时速度的方向角,(°)。

8.4　径向风扇功率消耗

半喂入联合收割机的径向风扇实物如图 8-3 所示,其功率消耗可用下
式表示:

$$N_{\mathrm{J}} = \frac{Mn}{9545} \tag{8-13}$$

或
$$N_{\mathrm{J}} = \frac{QP}{1000\eta\eta_{\mathrm{m}}} \tag{8-14}$$

式中：N_{J}——径向风扇所需功率，kW；

M——径向风扇轴扭矩，N·m；

n——径向风扇叶轮转速，r/min；

Q——径向风扇空气流量，$\mathrm{m^3/s}$；

P——径向风扇全压，Pa；

η——径向风扇全压效率；

η_{m}——径向风扇机械效率。

图 8-3　半喂入联合收割机径向风扇实物图

第 9 章 气流式清选装置动力学分析

9.1 气流清选筒式清选装置结构与工作原理

气流清选是利用谷物混合物中的籽粒及其他成分不同的空气动力学特性进行清选的。丘陵山地使用的微型自走式联合收割机因结构尺寸小、配套功率低,一般采用气流清选筒式清选装置。该装置主要由清选筒、吸风管和吸入型通用离心风机组成,其整体结构如图 9-1 所示。

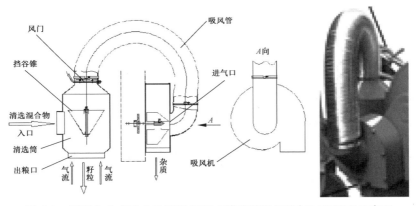

图 9-1 微型自走式联合收割机气流式清选装置结构与工作原理示意图

在高速运转的吸入型通用离心风机(简称吸风机)作用下,气流从出粮口吸入清选筒。待选混合物从清选筒侧面送入后(少部分气流随之进入),冲击偏心安装于清选筒中的挡谷锥并带动混合物旋转,在离心力的作用下混合物被散开,其中质量大的籽粒等被抛到清选筒内壁,质量小的颖壳、稻糠等杂质聚集在清选筒中部。由于吸风机的作用,从出粮口吸入的空气流速小于籽粒的飘浮速度而大于颖壳、稻糠等杂质的飘浮速度,因此籽粒沿清选筒内壁旋转下落,经出粮口排入集谷箱;颖壳、稻糠等杂质则穿过挡谷锥由清选筒壁之间的环形空间进入吸风管,最后由吸风机排到机外。与清选筒连接处的风门开度可根据物料情况进行调节,以获得最佳的清选质量。

9.2 清选气流动力学分析

9.2.1 混合物流场受力分析

当谷物混合物进入清选筒气流场中时,因旋转挡谷锥的作用,混合物被散开后受到垂直气流的作用,某种成分物料受到的作用力为

$$p = k\rho F v_1^2 \tag{9-1}$$

式中:p——某种成分物料处于垂直气流场中受到的气流作用力,N;

k——混合物中不同成分在空气中的阻力系数;

ρ——空气密度,g/m³;

F——物料在垂直于气流平面的投影面积,m²;

v_1——清选筒气流场中物料对气流的相对速度,m/s。

物料在垂直气流中的运动方程为

$$m \frac{\mathrm{d}v_1}{\mathrm{d}t} = p - G \tag{9-2}$$

式中:m——物料的质量,kg;

G——物料的重量,N。

当 $p>G$ 时,物料向上运动;当 $p<G$ 时,物料向下运动;当 $p=G$ 时,物料静止不动,加速度 $\dfrac{\mathrm{d}v_1}{\mathrm{d}t}=0$,此时的气流速度即为物料的飘浮速度 v_p(临界速度)。由 $p = k\rho F v_\mathrm{p}^2 = G = mg$ 可知,飘浮速度为

$$v_\mathrm{p} = \sqrt{\frac{mg}{k\rho F}} = \sqrt{\frac{g}{k_\mathrm{p}}} \tag{9-3}$$

式中:v_p——临界速度,m/s,其中稻麦颖壳 $v_\mathrm{p}=0.6\sim5.0$ m/s,短茎秆 $v_\mathrm{p}=5.0\sim6.0$ m/s,稻麦籽粒 $v_\mathrm{p}=8.9\sim11.5$ m/s;

g——重力加速度,m/s²;

k_p——物料的飘浮系数,1/m,$k_\mathrm{p}=k\rho F/m$。

飘浮状态下,物料受到的作用力为

$$p_\mathrm{p} = m k_\mathrm{p} v_\mathrm{p}^2 \tag{9-4}$$

9.2.2 吸风机压力(负压)计算

气流式清选装置采用吸入型通用离心风机(窄形单面进风),吸风机

需满足清选筒清选所需空气流量 Q 和出粮口进风风速 v_2 的要求。为了吸走分离筒内的轻微杂质,要求吸风管断面内具有均匀的风速,因此风机叶轮壳体需采用螺旋蜗壳形。吸风机设计压力计算式为

$$h = h_j + h_d \tag{9-5}$$

其中,

$$h_j = h_{j1} + h_{j2} + h_{j3} = \frac{\xi I \rho v_2^2}{2rg} + \frac{\psi \rho v_2^2}{2g} + \frac{\lambda \rho v_2^2}{2g} \tag{9-6}$$

$$h_d = \frac{\rho v_2^2}{2g} \tag{9-7}$$

$$h = h_j + h_d = \frac{\xi I \rho v_2^2}{2rg} + \frac{\psi \rho v_2^2}{2g} + \frac{\lambda \rho v_2^2}{2g} + \frac{\rho v_2^2}{2g} = v_2^2 \rho \left(\frac{\xi I + \psi r + r\lambda + r}{2rg} \right) \tag{9-8}$$

式中:h——吸风机设计全压(负压),Pa;

h_j——静压,用于克服空气在流动中的阻力,Pa;

h_{j1}——沿程压头损失,Pa;

h_{j2}——局部压头损失,Pa;

h_{j3}——进出口压头损失,Pa;

ξ——空气流动时管壁对气流的摩擦系数,径向叶片 $\xi = 0.3 \sim 0.4$;

ρ——空气密度,g/m^3;

g——重力加速度,m/s^2;

h_d——动压,用于产生并保持气流速度,Pa;

r——水力半径,m,$r = F/U$;

I——管道长度,m;

ψ——特殊管道(变形断面)对气流的阻力系数;

λ——风机进出口对气流的阻力系数;

v_2——清选筒气流出口的空气流速,m/s。

清选筒的清选能力(生产率)由气流流量和出粮口大小决定,所需清选气流流量由下式求得:

$$V = \frac{q\varepsilon}{\mu\rho} \tag{9-9}$$

式中:V——空气流量,m^3/s;

q——机器喂入量,kg/s;

ε——需清除的杂质占喂入量的比例,对于全喂入机型,水稻

10%~15%,小麦 15%~20%；

ρ——空气密度,g/m^3；

μ——携带杂质气流的混合浓度比,取 0.2~0.3。

根据式(9-8),清选筒气流出口的空气流速为

$$v_2 = \sqrt{\dfrac{h}{\rho\left(\dfrac{\xi l + \psi r + r\lambda + r}{2rg}\right)}} \qquad (9\text{-}10)$$

9.2.3　吸风机功率消耗

吸风机功率消耗可用下式计算：

$$N_X = \frac{Vh}{1000\eta\eta_m} \qquad (9\text{-}11)$$

式中：V——空气流量,m^3/s；

N_X——吸风机功率,kW；

η——全压效率；

η_m——机械效率。

9.3　清选筒空气流场风速风压仿真

图 9-2 显示,在通过清选筒中心轴的截面上,从出粮口进入清选筒的气流速度向上,气流速度为 2~3 m/s,气流速度低有利于稻麦籽粒通过；清选筒上部气流速度为 8~9 m/s,大于短茎秆等杂质的飘浮速度,小于稻麦籽粒的飘浮速度,因此能有效地将籽粒和短茎秆等杂质分离,并将短茎秆等杂质吸走,稻麦籽粒沿清选筒内壁落下；挡谷锥外壁与清选筒内壁之间的气流速度为 6~7 m/s,靠近清选筒壁面的气流速度接近于零,有助于从清选筒侧面入口径向抛入清选混合物料撞击壁面而散开,使混合物各成分充分接触气流。速度分布矢量图说明,清选筒内气流速度小于谷粒飘浮速度而大于短茎秆等杂质的飘浮速度,使籽粒能顺利地从清选筒下出口(出粮口)落入集谷桶,短茎秆等杂质能顺利地从清选筒上出口通过吸风管由吸风机排出机外。图 9-3 为清选筒 $x = 0$ 截面静压分布纵向剖面云图,清选筒上出口静压为负有利于排杂。

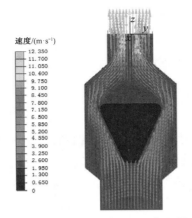

图 9-2 清选筒纵截面速度分布矢量图

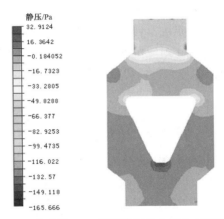

图 9-3 清选筒 $x=0$ 截面静压分布纵向剖面云图

第 10 章　单动力流行走机构动力学分析

全喂入和半喂入水稻联合收割机普遍使用单动力流行走机构,它是指具有静液压单动力流行走变速箱的行走机构。液压马达(HST)将动力输入变速箱后,驱动齿轮经中央传动齿轮及其两侧的牙嵌离合器齿轮,向两侧(或一侧)传送动力,再经减速齿轮至末级齿轮,由末级齿轮轴上的链轮驱动橡胶履带行走。作业时,若两侧的牙嵌离合器齿轮啮合,则机器直线行走;若切断一侧牙嵌离合器齿轮动力以使该侧履带惯性行走速度降低,则两侧履带的速度差使机器转大弯;若切断一侧牙嵌离合器齿轮动力并对转向离合器略施制动,则使机器转小弯;若切断一侧牙嵌离合器齿轮动力并对转向离合器完全制动,则联合收割机以最小半径(一个轨距)转向。

10.1　单动力流行走变速器结构与传动路线

单动力流行走变速器结构如图 10-1 所示。

通过驾驶室操纵手柄,根据不同工况要求,操纵牙嵌离合器和转向离合器,使变速箱齿轮动力按不同的路线传递。单动力流行走变速器不同工况下的齿轮传动路线如表 10-1 所示。

表 10-1　单动力流行走变速器不同工况下的齿轮传动路线

工况	履带	传动路线(齿轮代号)	牙嵌离合器	转向离合器
直行	右	①→②→③→④→⑧→⑩→⑫	合	分
	左	①→②→③→⑤→⑨→⑪→⑬	合	分
转大弯(向右)	左	同直行工况	合	分
	右	①→②→③	分	时合时分
最小半径转向(向右)	左	同直行工况	合	分
	右,全制动	①→②→③	分	合

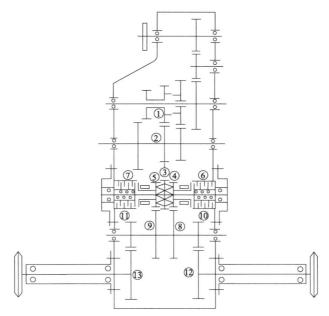

1—Ⅱ挡主动齿轮;2—Ⅱ挡被动齿轮;3—中央传动齿轮;4—右牙嵌离合器齿轮;5—左牙嵌离合器齿轮;6—右转向离合器;7—左转向离合器;8—右传动齿轮;9—左传动齿轮;10—右减速齿轮;11—左减速齿轮;12—右驱动齿轮;13—左驱动齿轮。

图 10-1 单动力流行走变速器结构示意图

10.2 运动工况分析

直行和转向是联合收割机行走机构的基本功能,在联合收割机田间作业时频繁发生。在收割机低速稳定转向时,若不计转向离心惯性力和橡胶履带的轮系摩擦力,且不计联合收割机重心偏移和土壤条件差异,则两侧履带滚动阻力相等。当收割机稳定转向时,行走机构主要受到三种力的作用,即内、外履带的切向驱动力 P_1、P_2,$P_2 > P_1$;内、外履带的滚动阻力 F_1、F_2,$F_1 = F_2$;内、外履带支承面前段横向阻力和后段横向阻力所生成的转向阻力矩 M_μ(见图 10-3)。其力系平衡方程为

$$P = P_1 + P_2 = F_1 + F_2 \tag{10-1}$$

$$M_\mu = 0.5B(P_2 - P_1) \tag{10-2}$$

$$P = \frac{M_e i_m \eta_m}{r_q} \lambda_t \tag{10-3}$$

式中:P——履带切向驱动力,N;

P_1、P_2——内、外履带切向驱动力,N;

B——内、外履带轨距,m;

M_μ——横向阻力形成的转向阻力矩,N·m;

M_e——发动机输出扭矩,N·m;

i_m——行走挡位传动比;

η_m——行走挡位传动效率;

λ_t——行走装置扭矩占发动机输出扭矩的比例;

r_q——履带驱动轮半径,m;

F_1、F_2——内、外履带滚动阻力,N。

若不计机器重心偏移,则使用重量分配产生的履带滚动阻力为

$$F_1 = F_2 = \frac{G_S f}{2} \tag{10-4}$$

式中:G_S——联合收割机使用重量,N;

$$G_S = mg \tag{10-5}$$

f——滚动阻力系数。

转向阻力矩 M_μ 计算如下:在履带支承面上取单元长 $\mathrm{d}x$,分配在其上的重量为 $q = \frac{G_S}{2L}\mathrm{d}x$,转向时单位长度受到的横向阻力为 $\frac{G_S}{2L}\mathrm{d}x \cdot \mu$,形成的转向阻力矩为 $\frac{G_S}{2L}x\mathrm{d}x \cdot \mu$,其中 x 为横向阻力 $\frac{G_S}{2L}\mathrm{d}x \cdot \mu$ 与履带相对转动线(履带支承面前段横向阻力和后段横向阻力生成的分界线,位于履带支承面的中点)$O_1(O_2)$ 的距离,两侧履带受到的转向阻力矩为所有这些单元长转向阻力矩的总和:

$$M_\mu = 2\left(\int_0^{\frac{L}{2}} \mu q x \mathrm{d}x + \int_0^{\frac{L}{2}} \mu q x \mathrm{d}x\right) \tag{10-6}$$

将 $q = \frac{G_S}{2L}$ 代入上式并积分得

$$M_\mu = \frac{\mu G_S L}{4} \tag{10-7}$$

式中:L——履带接地长度,m;

μ——转向阻力系数。

联立式（10-1）和式（10-2）可得

$$P_1 = P\left(0.5 - \frac{M_\mu}{PB}\right) \tag{10-8}$$

$$P_2 = P\left(0.5 + \frac{M_\mu}{PB}\right) \tag{10-9}$$

令 $\dfrac{M_\mu}{PB} = v$ 为转向参数，则有

$$P_1 = P(0.5 - v) \tag{10-10}$$
$$P_2 = P(0.5 + v) \tag{10-11}$$

根据 M_μ 的大小，可产生 A、B、C、D 四种工况。

工况 A：$M_\mu = 0$，$v = 0$，$P_1 = P_2 = 0.5P$，内外履带速度相同，联合收割机直行。

工况 B：$M_\mu = 0$，$v = 0$，$P_1 = 0$，$P_2 = 0.5P$，不制动，外侧履带驱动内侧履带惯性前行，转向工况，内外履带速度不同（中弯）。

工况 C：$M_\mu < PB$，$v < 0.5$，$P_2 > P_1 > 0$，P_1 为驱动力，转向工况，即内外履带以不同速度前行（转大弯）。

工况 D：$M_\mu > PB$，$v > 0.5$，$P_1 < 0$（制动力），$P_2 > 0 > P_1$，转向工况，为最小半径转向。

B、C 两种工况可归纳为内外履带以不同速度转向，故按 10.3、10.4、10.5 三种工况分析。

10.3 机器直行运动分析

工况 A，$v = 0$，$P_1 = P_2 = 0.5P$，机器直径运动。单动力流行走机构直行运动时履带速度和受力如图 10-2 所示。

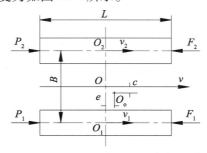

图 10-2 单动力流行走机构直行运动时履带速度和受力示意图

10.3.1 理论速度

假设长度不变的履带是挠性带,相对于驱动轮、支重轮和张紧轮都没有滑动且土壤条件相同,则联合收割机直线行驶时有

$$v = r_q \omega_q \tag{10-12}$$

$$v = v_1 = v_2 \tag{10-13}$$

式中:v——履带运动速度,为理论速度;

v_1、v_2——联合收割机内、外履带的理论速度,m/s;

r_q——驱动轮动力半径,m;

ω_q——驱动轮角速度,rad/s。

10.3.2 动力学分析

直行时行走机构主要受到两种力的作用,即两侧履带的驱动力 P_1、P_2 及其分别受到的滚动阻力 F_1、F_2,如图 10-2 所示。在不计橡胶履带与轮系之间的摩擦力消耗的驱动力时,

$$P_1 = P_2 = 0.5P \tag{10-14}$$

$$P_1 + P_2 = P \tag{10-15}$$

式中:P_1、P_2——左、右履带驱动力,N;

P——总驱动力,N。

10.3.3 功率消耗

$$
\begin{aligned}
N_D &= (P_1 + P_2)v/\eta \times 10^{-3} \\
&= (F_1 + F_2)v/\eta \times 10^{-3} \\
&= G_s vf/\eta \times 10^{-3} \\
&= mgvf/\eta \times 10^{-3}
\end{aligned}
\tag{10-16}
$$

式中:N_D——单动力流行走机构直行功率消耗,kW;

v——联合收割机直行理论速度,m/s;

η——行走挡位传动效率;

m——联合收割机满载质量,kg;

f——滚动阻力系数。

10.4 内外履带不同速度转向运动分析

工况 B,$v = 0$,$P_1 = 0$,$P_2 = 0.5P$;工况 C,$v < 0.5$,$P_2 > P_1 > 0$,机器转弯。

单动力流行走机构不同速度转向运动时履带速度和受力如图 10-3 所示。

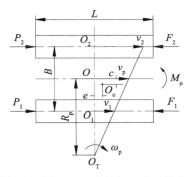

图 10-3　单动力流行走机构不同速度转向运动时履带速度和受力示意图

10.4.1　机体中心速度与角速度

联合收割机转向时,机体的平面运动可分解为随机体中心 O 的平动和绕机体中心 O 的转动。收割机因内外履带行走速度不等而转向时,机体中心 O 转向速度为 v_p,以转向半径 R_p 绕转向中心 O_T 转向,外侧履带行走速度 v_2 为联合收割机直行速度,若内侧履带行走速度 v_1 为 $0.5v_2$,运动参数的关系为

$$\omega_p = \frac{v_p}{R_p} \tag{10-17}$$

$$R_p = \frac{B}{2} \cdot \frac{v_2 + v_1}{v_2 - v_1} \tag{10-18}$$

$$v_p = \frac{v_1 + v_2}{2} \tag{10-19}$$

式中:v_1、v_2——内、外履带行走速度,m/s;

　　v_p——机体中心转向速度,m/s;

　　B——履带轨距,m;

　　R_p——理论转向半径,m;

　　ω_p——机体转向角速度,rad/s。

10.4.2　动力学分析

内外履带行走速度不等转向时,机体主要受到三种力的作用,即内、外履带的驱动力,内、外履带的滚动阻力,内、外履带支承面前段横向阻力和后段横向阻力所生成的转向矩。如图 10-3 所示,在低速、稳定转向且不

计转向离心惯性力和橡胶履带与轮系间的摩擦力时,平衡力系为

$$\begin{cases} P_2 = P(0.5+\upsilon) \\ P_1 = P(0.5-\upsilon) \\ P_2 > P_1 \end{cases} \tag{10-20}$$

式中:P_1、P_2——内、外履带驱动力,N;

　　P——总驱动力,N。

10.4.3　功率消耗

单动力流行走机构内/外履带不同速度转向时的功率消耗由下式求得:

$$N_{\mathrm{p}} = (P_1 v_1 + P_2 v_2)/\eta \times 10^{-3} \tag{10-21}$$

式中:N_{p}——内/外履带不同速度转向时的功耗,kW;

　P_1、P_2——内、外履带驱动力,N;

　v_1、v_2——内、外履带行走速度,m/s;

　η——行走挡位传动效率。

10.5　最小半径转向分析

工况 D,$\upsilon>0.5$,$P_1<0$,$P_2>0>P_1$,内侧履带完全制动,为最小半径转向工况。单动力流行走机构最小半径转向时履带速度和受力如图 10-4 所示。

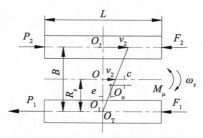

图 10-4　单动力流行走机构最小半径转向时履带速度和受力示意图

10.5.1　转向速度与角速度

当 $v_1=0$ 时,联合收割机以机体中心速度 v_z 和最小转向半径 R_z 转向,转向中心 O_{T} 位于内侧履带中点 O_1,机体转向角速度为

$$\omega_z = \frac{v_z}{R_z} \tag{10-22}$$

式中：v_z——机体中心速度，m/s；

　　ω_z——机体最小半径转向角速度，rad/s；

　　R_z——最小转向半径，m。

10.5.2　动力学分析

机体以最小转向半径 R_z 转向时，外侧履带驱动前进，内侧履带被拖着前进。机体主要受到以下力的作用，即外侧履带的驱动力 P_2 和滚动阻力 F_2，内侧履带制动力 P_1（$P_1<0$，制动力）和滚动阻力 F_1，以及转向阻力矩 M_μ，如图 10-4 所示。若不计机体重心偏移，则平衡力系为

$$\begin{cases} P_2-P_1-F_2-F_1=0 \\ \dfrac{B}{2}(P_2+P_1)-M_\mu=0 \end{cases} \qquad (10\text{-}23)$$

联立解得

$$\begin{cases} P_1=\dfrac{M_\mu}{B}-F_1 \\ P_2=\dfrac{M_\mu}{B}+F_2 \end{cases} \qquad (10\text{-}24)$$

式中：P_1、P_2——内、外侧履带驱动力，N；

　　F_1、F_2——内、外履带滚动阻力，N；

　　M_μ——转向阻力矩，N·m；

　　B——履带轨距，m。

10.5.3　功率消耗

行走机构以内侧履带完全制动使外侧履带做最小半径转向时，全部直行驱动力 P 作用在外侧履带 O_2 以克服滚动阻力和转向阻力矩 M_μ，假设传动与行走效率不变，履带支承面无滑转和滑移，其部分功率消耗于制动功耗，则单边完全制动时有

$$N_z=P\left(0.5+\frac{M_\mu}{PB}\right)v_2/\eta\times10^{-3} \qquad (10\text{-}25)$$

式中：N_z——单边完全制动时的转向功耗，kW；

　　P——内、外履带总驱动力，N；

　　$\dfrac{M_\mu}{PB}$——转向参数，用 v 表示，$v>0.5$；

v_2——外侧履带行走速度，m/s；

η——行走挡位传动效率。

10.5.4 履带节 A_0B_0 两端点运动方程和运动轨迹仿真

履带式联合收割机以最小转向半径 R_z 转向时，内侧履带完全制动，$v_1=0$，外侧履带上某履带节 A_0B_0 从接触地面到离开地面，其上任一点相对于地面（参考基 xOy）的运动即绝对运动。单动力流行走机构以最小半径转向时，履带接地平面履带节 A_0B_0 两端点运动轨迹如图 10-5 所示。

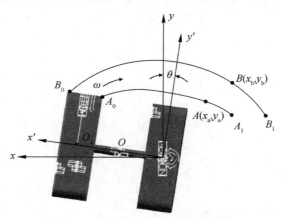

图 10-5 最小半径转向履带节 A_0B_0 两端点运动轨迹

（1）运动方程

图 10-5 中坐标系 xOy 联结于地面，坐标系 $x'Oy'$ 与履带联结于履带节 A_0B_0，定义 $x'Oy'$ 为连体基，xOy 为参考基，θ 为两基相应基矢量 y、y' 的夹角，$\theta=\omega t$，矩阵 A 为两基的方向余弦阵，可表示为

$$A=\begin{pmatrix} -\cos\theta & \sin\theta \\ \sin\theta & \cos\theta \end{pmatrix} \tag{10-26}$$

履带节点 A_0 在连体基 $x'Oy'$ 上的坐标阵为 $A_0'=(x',y')$，履带节点 A_0 在参考基 xOy 上的坐标阵为 $A_0=(x,y)$，两者有如下关系式：

$$\begin{pmatrix} x \\ y \end{pmatrix}=\begin{pmatrix} -\cos\theta & \sin\theta \\ \sin\theta & \cos\theta \end{pmatrix}\begin{pmatrix} x' \\ y' \end{pmatrix} \tag{10-27}$$

展开后经计算简化可得运动方程：

$$\begin{cases} x=-x'\cos\theta+y'\sin\theta \\ y=x'\sin\theta+y'\cos\theta \end{cases} \tag{10-28}$$

同理可求得 B_0 点的运动方程,它们将在运动平面上描绘出该点的运动轨迹。

（2）运动轨迹仿真

当轨距 $B = 1000$ mm,接地长度 $L = 1350$ mm,起始点 $x_0 = 400$ mm,$y_0 = 675$ mm,$\omega_z = 1$ rad/s,$v_z = 0.5$ m/s,将这些参数代入建模并仿真,其运动轨迹如图 10-5 所示,图中曲线 A_0A_1 为 A_0 点的运动轨迹,曲线 B_0B_1 为 B_0 点的运动轨迹。

图 10-6 所示为单动力流行走变速器实物图。

图 10-6　单动力流行走变速器

第 11 章　双动力流行走机构动力学分析

双动力流行走机构是指具有双动力流变速箱的行走机构。液压马达动力输入变速箱后,齿轮系可通过变速杆实现 A、B 两路正反双动力流。A 路提供正转动力,B 路提供反转动力。仅使用 A 路动力时,机器直行或转大弯;同时使用 A、B 两路动力时,两侧履带一正一反运转,左、右履带速度不等时,机器以不同半径转弯,左、右履带速度相等时,则可实现理论半径为零的原地转向。原地转向能减少作业中的空行程,提高水稻联合收割机的机动性和作业效率,对小田块作业尤为有利。为实现不同方向转向和原地转向,A、B 两路动力可以在变速箱传动系统左右两侧变换。

11.1　双动力流行走变速器结构与传动路线

双动力流行走变速器结构如图 11-1 所示。

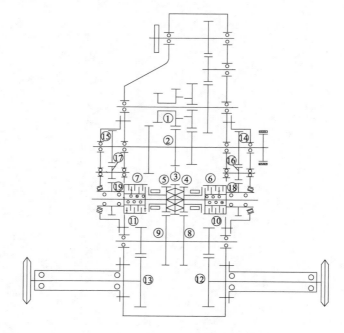

1—Ⅱ挡主动齿轮;2—Ⅱ挡被动齿轮;3—中央传动齿轮;4—右牙嵌离合器齿轮;5—左牙嵌离合器齿轮;6—右转向离合器;7—左转向离合器;8—右传动齿轮;9—左传动齿轮;10—右减速齿轮;11—左减速齿轮;12—右驱动齿轮;13—左驱动齿轮;14—右反转驱动齿轮;15—左反转驱动齿轮;16—右换向齿轮;17—左换向齿轮;18—右转向离合器齿轮;19—左转向离合器齿轮。

图 11-1 双动力流行走变速器结构示意图

通过驾驶室操纵手柄,根据不同工况要求,操纵牙嵌离合器和转向离合器"离合"使变速器齿轮的动力按不同路线传递。双动力流行走变速器不同工况下齿轮的传动路线如表 11-1 所示。

表 11-1 双动力流行走变速器不同工况下齿轮的传动路线

工况	履带	动力传动路线(齿轮代号)	牙嵌离合器	转向离合器
直行	右,正转	A 路右 ①→②→③→④→⑧→⑩→⑫	合	分
	左,正转	A 路左 ①→②→③→⑤→⑨→⑪→⑬	合	分
转大弯 (向右)	左,正转	同 A 路左(直行工况)	合	分
	右,时停/时反转	B 路右,①→②→⑭→⑯→⑱→ ⑥→④→⑧→⑩→⑫	分	时分/时合
原地转 (向右)	左,正转	同 A 路左(直行工况)	合	分
	右,反转	B 路右,①→②→⑭→⑯→⑱→ ⑥→④→⑧→⑩→⑫	分	合

11.2 B 路动力流反转转矩

机器原地转向时,B 路动力流扭矩由反转离合器在土壤附着条件允许的情况下传递。反转离合器的计算转矩为

$$M_j = \beta \frac{0.5 m_s g \phi r_q}{i_m \eta_m \eta_q} \tag{11-1}$$

式中:M_j——反转离合器的计算转矩,N·m;

β——转向离合器储备系数,取 1.4;

ϕ——橡胶履带与土壤附着系数,水淹田取 0.6,干田取 1.0;

m_s——联合收割机使用质量,kg;

g——重力加速度,9.8 m/s^2;

r_q——驱动轮半径,m;

i_m——最终传动比;

η_m——最终传动效率,取 $\eta_m = 0.98$;

η_q——履带驱动段效率,取 $\eta_q = 0.93$。

11.3 行走机构履带切线驱动力

双动力流行走机构履带切线驱动力为

$$P = \frac{M_e i_m \eta_m}{r_q} \lambda_t \tag{11-2}$$

式中:M_e——发动机输出扭矩,N·m;

i_m——行走挡位传动比;

η_m——行走挡位传动效率;

λ_t——行走装置扭矩占发动机输出扭矩的比例。

11.4 机器直行运动分析

机器直行运动时履带的受力和速度如图 11-2 所示。

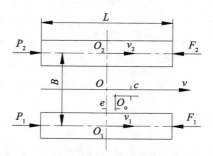

图 11-2 机器直行运动时履带的受力和速度示意图

11.4.1 理论速度

假设长度不变的履带是挠性带,相对于驱动轮、支重轮和张紧轮都没有滑动,联合收割机的运动速度为理论速度。联合收割机直线行驶时,有

$$v = r_q \omega_q \tag{11-3}$$

式中:v——联合收割机理论速度,m/s;

r_q——驱动轮半径,m;

ω_q——驱动轮角速度,rad/s。

11.4.2 动力学分析

在不计橡胶履带与轮系间的摩擦力消耗的驱动力时,有

$$P_1 + P_2 - (F_1 + F_2) = 0 \tag{11-4}$$

式中:P_1、P_2——内、外履带驱动力,N;

F_1、F_2——内、外履带滚动阻力,N。

11.4.3 功率消耗

$$N_s = (P_1 + P_2)v/\eta \times 10^{-3} = (F_1 + F_2)v/\eta \times 10^{-3}$$
$$= G_s vf/\eta \times 10^{-3} = mgvf/\eta \times 10^{-3} \tag{11-5}$$

式中:N_s——双动力流行走机构直行功率消耗,kW;

v——联合收割机直行理论速度,m/s;

η——行走挡位传动效率;

m——联合收割机满载质量,kg;

f——滚动阻力系数。

11.5 内外履带不同速度转向运动分析

机器转向时,内、外履带速度不同,内、外履带的速度和受力如图 11-3 所示。

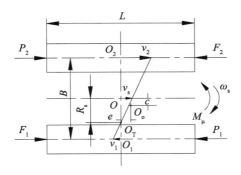

图 11-3 内、外履带不同速度转向时的速度和受力示意图

双动力流行走机构不同速度转向时,A、B 两路动力流向内(外)侧、外(内)侧履带传递动力,驱动内侧履带的湿式摩擦片转向离合器半分离后使内侧履带驱动力减小,可实现内外履带不同速度转向,转大弯。

11.5.1 转向速度和角速度

双动力流行走机构内、外履带不同速度转向运动时,内、外履带一正一反运转但转速不等,转向中心 O_T 位于机体垂直中心线 O_1OO_2 的 OO_1 之间,以 $R_s(OO_T)$ 为半径绕 O_T(OO_1 线与 v_1v_2 线的交点)转向。

$$v_s = \frac{v_2 - v_1}{2} \tag{11-6}$$

$$\omega_s = \frac{v_s}{R_s} \tag{11-7}$$

$$R_s = \frac{B}{2}\left(\frac{v_2 - v_1}{v_2 + v_1}\right) \tag{11-8}$$

式中:ω_s——转向角速度,rad/s;

v_1、v_2——内、外履带行走速度,m/s;

v_s——机体中心转向速度,m/s;

R_s——理论转向半径,m。

11.5.2 动力学分析

在低速、稳定转向时,若不计转向离心惯性力和橡胶履带与轮系间的摩擦力,且不计联合收割机重心偏移和土壤条件差异,则两侧履带的滚动阻力相等,行走机构主要受到三种力的作用,即内、外履带的驱动力,内、外履带的滚动阻力,内、外履带支承面前段横向阻力和后段横向阻力所生成的转向阻力矩,其力系平衡方程为

$$\begin{cases} P_1 - P_2 - F_1 + F_2 = 0 \\ \dfrac{B}{2}\left[(P_2 + P_1) - (F_1 + F_2)\right] - M_\mu = 0 \end{cases} \tag{11-9}$$

式中:P_1、P_2——内、外履带驱动力,N;

F_1、F_2——内、外履带滚动阻力,N;

$\dfrac{B}{2}(P_2 + P_1)$——转向力矩,N·m;

$\dfrac{B}{2}(F_1 + F_2)$——滚动阻力形成的阻力矩,N·m;

M_μ——横向阻力形成的转向阻力矩,N·m。

设使用重量 G_s 均匀分配,则产生的滚动阻力为

$$F_1 = F_2 = \frac{G_s f}{2} \qquad (11\text{-}10)$$

式中：G_s——联合收割机使用重量，N；

　　f——履带滚动阻力系数。

联立解（11-9）两式可得

$$P_1 = F_1 + \frac{M_\mu}{B} \qquad (11\text{-}11)$$

$$P_2 = F_2 + \frac{M_\mu}{B} \qquad (11\text{-}12)$$

横向阻力形成的转向阻力矩为

$$M_\mu = 2\left(\int_0^{\frac{L}{2}} \mu qx\,\mathrm{d}x + \int_0^{\frac{L}{2}} \mu qx\,\mathrm{d}x \right) \qquad (11\text{-}13)$$

将 $q = \dfrac{G_s}{2L}$ 代入上式并积分得

$$M_\mu = \frac{\mu G_s L}{4} \qquad (11\text{-}14)$$

式中：M_μ——横向阻力形成的转向阻力矩，N·m；

　　L——履带接地长度，m；

　　μ——转向阻力系数。

11.5.3　功率消耗

联合收割机转向时，发动机功率主要消耗于克服转向时的总阻力矩，故有

$$N_s = M_s \omega_s / \eta \times 10^{-3} = (M_{fs} + M_\mu)\,\omega_s / \eta \times 10^{-3} \qquad (11\text{-}15)$$

式中：N_s——内、外履带不同速度转向所需的功率，kW；

　　M_μ——转向阻力矩，N·m；

　　M_{fs}——滚动阻力形成的阻力矩，N·m；

　　M_s——总阻力矩，N·m；

　　ω_s——转向角速度，rad/s；

　　η——行走挡位传动效率。

11.6　原地转向分析

机器原地转向时，内外履带速度相同、方向相反，内、外履带受力和速

度如图 11-4 所示。

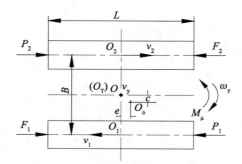

图 11-4　原地转向时履带速度和受力示意图

11.6.1　机体中心速度与角速度

当内、外履带行走速度 $v_1 = v_2$ 时，$v_y = v_2 - v_1 = 0$。

$$\omega_y = \frac{2v_1}{B} = \frac{2v_2}{B} \tag{11-16}$$

式中：v_y——机体中心速度，m/s；

ω_y——原地转向角速度，rad/s。

11.6.2　动力学分析

$$\begin{cases} P_1 - P_2 - F_1 + F_2 = 0 \\ \dfrac{B}{2}\left[\,(P_1 + P_2) - (F_1 + F_2)\,\right] - M_\mu = 0 \end{cases} \tag{11-17}$$

因使用重量 G_s 分配产生的滚动阻力为

$$F_1 = F_2 = \frac{G_s f}{2} \tag{11-18}$$

式中：G_s——联合收割机使用重量，N；

f——履带滚动阻力系数。

联立解(11-17)两式可得

$$P_1 = F_1 + \frac{M_\mu}{B} \tag{11-19}$$

$$P_2 = F_2 + \frac{M_\mu}{B} \tag{11-20}$$

横向阻力形成的转向阻力矩为

$$M_\mu = 2\left(\int_0^{\frac{L}{2}} \mu qx\mathrm{d}x + \int_0^{\frac{L}{2}} \mu qx\mathrm{d}x\right) \tag{11-21}$$

将 $q = \dfrac{G_s}{2L}$ 代入上式并积分得

$$M_\mu = \frac{\mu G_s L}{4} \tag{11-22}$$

式中：M_μ——横向阻力形成的转向阻力矩，N·m；

　　L——履带接地长度，m；

　　μ——转向阻力系数。

11.6.3　功率消耗

联合收割机原地转向时，发动机功率主要消耗于克服转向时的总阻力矩 M_y，故有

$$N_y = M_y \omega_y / \eta \times 10^{-3} = (M_{fy} + M_\mu) \omega_s / \eta \times 10^{-3} \tag{11-23}$$

式中：N_y——原地转向所需功率，kW；

　　M_y——转向总阻力矩，N·m；

　　M_μ——转向阻力矩，N·m；

　　M_{fy}——滚动阻力形成的阻力矩，N·m；

　　ω_y——原地转向角速度，rad/s；

　　η——行走挡位传动效率。

11.6.4　履带节 $A_0 B_0$ 两端点运动方程和运动轨迹仿真

履带式联合收割机原地转向时，两侧履带一正一反运转，外侧履带上某履带节 $A_0 B_0$ 从接触地面到离开地面，其上任一点相对于地面（参考基 xOy）的运动即绝对运动，运动轨迹如图 11-5 所示。

（1）运动方程

图 11-5 中坐标系 xOy 联结于地面，坐标系 $x'Oy'$ 与履带联结于履带节 $A_0 B_0$，定义 $x'Oy'$ 为连体基，xOy 为参考基，θ 为两基相应基矢量 $\boldsymbol{y}$、$\boldsymbol{y}'$ 的夹角，$\theta = \omega t$，矩阵 $\boldsymbol{A}$ 为两基的方向余弦阵，可表示为

$$A = \begin{pmatrix} \cos\theta & -\sin\theta \\ \sin\theta & \cos\theta \end{pmatrix} \tag{11-24}$$

履带节点 A_0 在连体基 $x'Oy'$ 上的坐标阵为 $\boldsymbol{A}_0' = (x', y')$，履带节点 A_0 在参考基 xOy 上的坐标阵为 $\boldsymbol{A}_0 = (x, y)$，两者有如下关系式：

$$\begin{pmatrix} x \\ y \end{pmatrix} = \begin{pmatrix} \cos\ \theta & -\sin\ \theta \\ \sin\ \theta & \cos\ \theta \end{pmatrix} \begin{pmatrix} x' \\ y' \end{pmatrix} \tag{11-25}$$

展开后经计算简化可得运动方程：

$$\begin{cases} x = x'\cos\ \theta - y'\sin\ \theta \\ y = x'\sin\ \theta + y'\cos\ \theta \end{cases} \tag{11-26}$$

同理可求得 B_0 点的运动方程，它们将在运动平面上描绘出该点的运动轨迹。

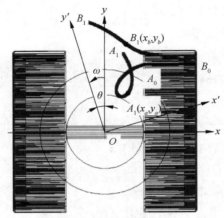

图 11-5　原地转向时履带节 A_0B_0 两端点的运动轨迹

（2）运动轨迹仿真

当轨距 $B = 1000$ mm，接地长度 $L = 1350$ mm，起始点 $x_0 = 400$ mm，$y_0 = 675$ mm，$\omega_y = 1$ rad/s，$v = 0.5$ m/s，将这些参数代入建模并仿真，其运动轨迹如图 11-5 所示，图中绕扣 A_0A_1 为 A_0 点的运动轨迹，曲线 B_0B_1 为 B_0 点的运动轨迹。

双动力流行走变速器实物图如图 11-6 所示。

图 11-6　双动力流行走变速器

第12章　两种行走机构转向动力学比较分析

12.1　两种行走机构转向离合器分析

12.1.1　两种行走机构转向离合器结构的区别及基本参数

双动力流转向离合器和单动力流转向离合器均为湿式多片式摩擦离合器,前者为转向传动离合器,后者为转向制动离合器。单动力流转向制动离合器的壳体是固定的,双动力流转向传动离合器的壳体上设有齿轮,是可回转的,双动力流转向传动离合器在反转驱动齿轮的驱动下成为行走变速器 B 路(反转)动力流的组成部分。其他结构参见图 10-1 和图 11-1。两类转向离合器的基本参数如下:

摩擦面对数 $z = 12$;

摩擦片内圆半径 $r_1 = 36$ mm;

摩擦片外圆半径 $r_2 = 55$ mm;

摩擦片面积 $s = \pi(r_2^2 - r_1^2) = 0.0054$ m^2;

摩擦片许用单位压力,纸基摩擦片 $[q] = 1$ MPa;

弹簧最大压力 $Q_{max} = 1500$ N;

摩擦片单位面积压力 $q = \dfrac{Q_{max}}{s} \approx 0.28$ MPa $< [q]$。

12.1.2　单动力流转向制动离合器单侧完全制动所需的最大制动力矩

单动力流转向制动离合器若以切断一侧牙嵌离合器并将摩擦片完全制动,则联合收割机以最小半径(一个轨距)转向。转向制动离合器完全制动所需的制动力矩除满足联合收割机最小半径转向条件外,还应满足最大坡度停车(双侧完全制动)和土壤附着条件允许等三个要求。

(1)单侧完全制动转向(最小半径转向)单侧所需的力矩

$$M_b = \frac{\mu m_s g L r_q}{4 B i_t} \tag{12-1}$$

（2）联合收割机坡度制动停车每侧所需的力矩

$$M_a = \frac{m_s g(\sin\alpha - f\cos\alpha)r_q}{2i_t} \qquad (12\text{-}2)$$

（3）土壤附着条件允许的力矩

$$M_\varphi = \frac{0.5\varphi m_s g r_q}{i_t} \qquad (12\text{-}3)$$

式中：M_b——单侧制动转向所需制动力矩，N·m；

r_q——驱动轮半径，m，取 0.105 m；

i_t——转向离合器至驱动轮传动比，取 6.57；

M_a——联合收割机坡度停车每侧所需制动力矩，N·m；

B——履带轨距，m，取 1.0 m；

m_s——联合收割机使用质量，kg，取 2800 kg；

g——重力加速度，9.8 m/s²；

L——履带接地长度，m，取 1.35 m；

μ——转向阻力系数，取 0.7；

M_φ——土壤附着条件允许的力矩，N·m；

f——滚动阻力系数，取 0.1；

α——允许最大停车坡度角，取（11%）14°3′；

φ——土壤附着系数，取 0.8。

确定转向离合器用于制动力矩时，取 M_b 和 M_a 中较大者和 M_φ 相比，取较小的一个作为制动力矩。将相关参数和实验数据代入式（12-1）至式（12-3）可得

$$M_b = 103.6 \text{ N·m}$$

$$M_a = 31.79 \text{ N·m}$$

$$M_\varphi = 175.42 \text{ N·m}$$

$$2M_a = 63.58 \text{ N·m}$$

取 $M_b = 103.6$ N·m 作为转向离合器的制动力矩。

12.1.3 双动力流转向传动离合器需传递的最大力矩

机器原地转向时，双动力流转向离合器的 B 路动力矩在土壤附着允许条件下传递，反转离合器的计算力矩由下式求得：

$$M_{\mathrm{j}} = \beta \frac{0.5 m_{\mathrm{s}} g \varphi r_{\mathrm{q}}}{i_{\mathrm{t}} \eta_{\mathrm{m}} \eta_{\mathrm{q}}} \qquad (12\text{-}4)$$

式中：M_{j}——转向传动离合器的计算力矩，N·m；

　　β——储备系数，取 1.2；

　　φ——橡胶履带与土壤附着系数，水淹田 $\varphi = 0.6$，干田 $\varphi = 1$，此处取 0.8；

　　m_{s}——联合收割机使用质量，kg，取 2800 kg；

　　g——重力加速度，9.8 m/s^2；

　　r_{q}——驱动轮半径，m，取 0.105 m；

　　i_{t}——转向离合器至驱动轮传动比，取 6.57；

　　η_{m}——最终传动效率，取 0.98；

　　η_{q}——履带驱动段效率，取 0.93。

将以上数据代入式（12-4），可得 $M_{\mathrm{j}} = 230.88$ N·m。

12.1.4　湿式多片式摩擦离合器的摩擦力矩

摩擦面摩擦力矩由下式求得：

$$
\begin{aligned}
M &= \int \mathrm{d}M = \int_{r_1}^{r_2} 2\pi \mu q r^2 \,\mathrm{d}r \\
&= 2\pi \mu \frac{Q_{\max}}{\pi(r_2^2 - r_1^2)} \int_{r_1}^{r_2} r^2 \,\mathrm{d}r \\
&= \frac{2}{3} \mu Q_{\max} \frac{r_2^3 - r_1^3}{r_2^2 - r_1^2}
\end{aligned}
\qquad (12\text{-}5)
$$

令
$$r_{\mathrm{d}} = \frac{2(r_2^3 - r_1^3)}{3(r_2^2 - r_1^2)} \qquad (12\text{-}6)$$

则
$$M = \mu Q_{\max} r_{\mathrm{d}} \qquad (12\text{-}7)$$

$$M_z = zM \qquad (12\text{-}8)$$

式中：M——摩擦面摩擦力矩，N·m；

　　$\mathrm{d}M$——摩擦面微圆环摩擦力矩，N·m；

　　r_1、r_2——摩擦片内圆、外圆半径，取 55 mm/36 mm；

　　μ——摩擦系数，取 0.3；

　　q——摩擦面微圆环正压力，N；

　　r——摩擦面微圆环半径，mm，$r_1 < r < r_2$；

dr——摩擦面微圆环宽度,mm;

Q_{max}——弹簧最大压力,取 1500 N;

r_d——摩擦面当量(合力)半径,取 43.63 mm;

M_z——转向传动离合器摩擦片总摩擦力矩,N·m;

z——摩擦面对数,取 12。

将相关参数和实验数据代入式(12-5)至式(12-8),可得摩擦面摩擦力矩 $M = 19.80$ N·m,转向传动离合器摩擦片总摩擦力矩 $M_z = 237.60$ N·m$>M_t>M_a>M_\varphi>M_j$。表明具有上述基本参数的湿式多片式摩擦转向离合器不但可以满足单动力流"转向制动离合器"转向制动所需的制动力矩,也可满足双动力流"转向传动离合器"B 路动力流所需的传动力矩。

"传动"是"制动"的逆向功能。

12.2 行走机构不同速度转向动力学比较分析

12.2.1 两种行走机构内外履带不同速度转向

两种行走机构内外履带不同速度转向工作参数比较见表 12-1。

表 12-1 两种行走机构内外履带不同速度转向工作参数比较

项目	公式		
	单动力流行走机构	双动力流行走机构	比较
转向半径 R/m	$R_p = \dfrac{B}{2}\left(\dfrac{v_2+v_1}{v_2-v_1}\right)$	$R_s = \dfrac{B}{2}\left(\dfrac{v_2-v_1}{v_2+v_1}\right)$	$R_s \approx 0.11R_p$
机体中心转向速度 v/(m·s^{-1})	$v_p = \dfrac{v_1+v_2}{2}$	$v_s = \dfrac{v_2-v_1}{2}$	$v_s \approx 0.33v_p$
转向角速度 ω/(rad·s^{-1})	$\omega_p = \dfrac{v_p}{R_p}$	$\omega_s = \dfrac{v_s}{R_s}$	$\omega_s \approx 3\omega_p$
内侧履带驱动力 P_1/N	$P_{1p} = P\left(0.5-\dfrac{M_{\mu p}}{PB}\right)$	$P_{1s} = F_{1s}+\dfrac{M_{\mu s}}{B}$	$P_{1s} \approx 5.36P_{1p}$
外侧履带驱动力 P_2/N	$P_{2p} = P\left(0.5+\dfrac{M_{\mu p}}{PB}\right)$	$P_{2s} = F_{2s}+\dfrac{M_{\mu s}}{B}$	$P_{2s} \approx 0.55P_{2p}$
内、外履带滚动阻力 F_1、F_2/N	$F_{1p} \approx F_{2p} \approx \dfrac{G_s f}{2}$	$F_{1s} \approx F_{2s} \approx \dfrac{G_s f}{2}$	$F_{1p} \approx F_{2p} \approx F_{1s} \approx F_{2s}$

续表

项目	公式		
	单动力流行走机构	双动力流行走机构	比较
滚动阻力矩 $M_f/(\text{N}\cdot\text{m})$	$M_{fp}=\dfrac{B}{2}(F_{1p}-F_{2p})=0$	$M_{fs}=\dfrac{B}{2}(F_{1s}+F_{2s})$	$M_{fs}>M_{fp}$
转向阻力矩 $M_\mu/(\text{N}\cdot\text{m})$	$M_{\mu p}=\dfrac{\mu G_S L}{4}$	$M_{\mu s}=\dfrac{\mu G_S L}{4}$	$M_{\mu s}=M_{\mu p}$
功率消耗 N/kW	$N_p=(P_{2p}v_2+P_{1p}v_1)/\eta\times10^{-3}$	$N_s=M\omega_s=(M_{fs}+M_{\mu s})\omega_s/\eta\times10^{-3}$	$N_s\approx0.82N_p$

两种行走机构结构和工作参数:内、外履带行走速度 $v_2=1$ m/s,$v_1=0.5$ m/s,两种行走机构 v_1 方向相反,内、外侧履带驱动力之和 $P=P_1+P_2=15949.11$ N,内、外侧履带滚动阻力之和 $F=F_1+F_2=3019.71$ N,两种行走机构转向阻力矩 $M_\mu=6482.70$ N·m,履带轨距 $B=1$ m,联合收割机重量 $G_s=30197.10$ N,滚动阻力系数 $f=0.1$。

(1)转向半径 R

单动力流行走机构回转中心 O_T 在机体支承面之外,转向半径 $R_p=1.50$ m,空行程长;双动力流行走机构回转中心 O_T 在机体支承面之内,转向半径 $R_s=0.17$ m,空行程短,$R_s\approx0.11R_p$。

(2)机体中心转向速度 v

单动力流行走机构转向时,由于 v_2、v_1 方向相同,外侧履带 v_2 为直行速度,其机体中心速度 v_p 比双动力流行走机构的机体中心转向速度 v_s 大(双动力流行走机构的 v_2、v_1 方向相反)。代入公式可得,$v_p=0.75$ m/s,$v_s=0.25$ m/s,$v_s\approx0.33v_p$,说明为了让机器达到同一个方位,双动力流行走机构转向能耗少。

(3)转向角速度 ω

以 $v_2/v_1=2$ 的速度转向时,代入公式可得,单动力流行走机构和双动力流行走机构的转向角速度分别为 $\omega_p=0.5$ rad/s,$\omega_s=1.47$ rad/s,$\omega_s\approx3\omega_p$,双动力流行走机构的转向速度更快。

(4)内侧履带驱动力 P_1

单动力流行走机构在转向过程中,转向阻力矩 M_μ(力偶)在内侧履带上的作用力与驱动力 P_{1p} 方向相同,而双动力流行走机构在转向过程中,转向阻力矩(力偶)作用在内侧履带上的力与驱动力 P_{1s} 方向相反,双动力流行走机构 P_{1s} 增大,代入公式可得, $P_{1p} = 1491.86$ N, $P_{1s} = 7992.57$ N, $P_{1s} \approx 5.36 P_{1p}$。

（5）外侧履带驱动力 P_2

单动力流行走机构和双动力流行走机构在转向过程中,转向阻力矩作用在外侧履带上的力与驱动力 P_{2p}、P_{2s} 方向均相反, P_{2p}、P_{2s} 增大,代入公式可得, $P_{2p} = 14457.26$ N, $P_{2s} = P_{1s} = 7992.57$ N, $P_{2s} \approx 0.55 P_{2p}$。

（6）内、外侧履带滚动阻力

内、外侧履带滚动阻力为 $F_{1p} \approx F_{2p} \approx F_{1s} \approx F_{2s} = 3019.71/2 \approx$ 1509.86 N。

（7）滚动阻力矩 M_f

单动力流行走机构在转向过程中,滚动阻力 F_{1p}、F_{2p} 生成的滚动阻力矩 M_{fp} 方向相反并相互抵消, $M_{fp} = 0$;而双动力流行走机构在转向过程中,滚动阻力 F_{1s}、F_{2s} 生成的滚动阻力矩方向相同, $M_{fs} = 1509.86$ N·m, $M_{fp} < M_{fs}$。

（8）行走功率消耗 N

单动力流行走机构和双动力流行走机构的转向功率消耗分别为 $N_p = 15.84$ kW, $N_s = 13.05$ kW, $N_s \approx 0.82 N_p$。双动力流行走机构的转向功率消耗由滚动阻力矩 M_{js}、转向阻力矩 M_μ 之和与转向角速度 ω_s 生成,单动力流行走机构由内、外侧履带驱动力与其前进速度生成。

12.2.2 两种行走机构最小半径转向

两种行走机构内外履带最小半径转向工作参数比较见表 12-2。

表 12-2 两种行走机构内外履带最小半径转向工作参数比较

项目	公式		
	单动力流行走机构	双动力流行走机构	比较
转向半径 R/m	$R_z = \dfrac{B}{2}$	$R_y = 0$	$R_y < R_z$
机体中心速度 v/(m·s^{-1})	$v_z = 0.5 v_2$	$v_y = v_1 - v_2 = 0$	$v_y < v_z$

续表

项目	公式		
	单动力流行走机构	双动力流行走机构	比较
转向角速度 $\omega/(\mathrm{rad\cdot s^{-1}})$	$\omega_z = \dfrac{v_z}{R_z}$	$\omega_y = \dfrac{v_1}{0.5B} = \dfrac{v_2}{0.5B}$	$\omega_y = \omega_z$
内侧履带驱动力 P_1/N	$P_{1z} = \dfrac{M_{\mu z}}{B} - F_{1z}$	$P_{1y} = F_{1y} + \dfrac{M_{\mu y}}{B}$	$P_{1y} \approx 1.61 P_{1z}$
外侧履带驱动力 P_2/N	$P_{2z} = \dfrac{M_{\mu z}}{B} + F_{2z}$	$P_{2y} = F_{2y} + \dfrac{M_{\mu y}}{B}$	$P_{2y} \approx P_{1z}$
内、外履带滚动阻力 F_1、F_2/N	$F_{1z} = F_{2z} \approx \dfrac{G_S f}{2}$	$F_{1y} = F_{2y} \approx \dfrac{G_S f}{2}$	$F_{1z} = F_{2z} \approx F_{1y} = F_{2y}$
滚动阻力矩 $M_f/(\mathrm{N\cdot m})$	$M_{fz} = \dfrac{B}{2}(F_{1z} - F_{2z}) = 0$	$M_{fy} = \dfrac{B}{2}(F_{1y} + F_{2y})$	$M_{fy} > M_{fz}$
转向阻力矩 $M_\mu/(\mathrm{N\cdot m})$	$M_{\mu z} = \dfrac{\mu G_S L}{4}$	$M_{\mu y} = \dfrac{\mu G_S L}{4}$	$M_{\mu y} = M_{\mu z}$
功率消耗 N/kW	$N_z = P\left(0.5 + \dfrac{M_{\mu z}}{PB}\right) v_2 / \eta \times 10^{-3}$	$N_y = M_y \omega_y = (M_{fy} + M_{\mu y}) \omega_y / \eta \times 10^{-3}$	$N_y \approx 0.55 N_z$

结构和工作参数:单动力流行走机构内、外侧履带速度 $v_2 = 1$ m/s,$v_1 = 0$(内、外侧履带相对速度 $v = 1$ m/s);双动力流行走机构原地转向内、外侧履带速度 $v_1 = v_2 = 0.5$ m/s(内、外侧履带相对速度 $v = 1$ m/s);内、外侧履带驱动力之和 $P = P_1 + P_2 = 15949.11$ N,内、外侧履带滚动阻力之和 $F = F_1 + F_2 = 3019.71$ N,两种行走机构转向阻力矩 $M_\mu = 6482.70$ N·m,履带轨距 $B = 1$ m,联合收割机重量 $G_S = 30197.10$ N,滚动阻力系数 $f = 0.1$。

(1) 转向半径 R

为了使机器以最小半径转向,单动力流行走机构以内侧履带完全制动来实现,回转中心 O_T 位于内侧履带中心线上,转向半径 $R_z = \dfrac{B}{2} = 0.5$ m;双动力流行走机构原地转向,理论上回转中心 O_T 与机体中心重合,转向半径 $R_y = 0$。

（2）机体中心转向速度 v

单动力流行走机构转向时，$v_1 = 0$，机体中心速度 $v_z = \dfrac{v_2}{2} = 0.5 \ \mathrm{m/s}$；双动力流行走机构的机体中心速度 $v_y = 0$，联合收割机原地转向。

（3）转向角速度 ω

双动力流行走机构原地转向时，内、外履带的行走速度相等，即 $v_1 = v_2 = 0.5 \ \mathrm{m/s}$，转向角速度 $\omega_y = \dfrac{2v_2}{B} = 1 \ \mathrm{rad/s}$；单动力流行走机构以最小半径转向时，转向角速度 $\omega_z = \dfrac{v_z}{R_z} = 1 \ \mathrm{rad/s}$，$\omega_z = \omega_y$。

（4）内侧履带驱动力 P_1

单动力流行走机构在以最小半径转向时，由于内侧履带完全制动，驱动力为制动力，$P_{1z} = \dfrac{M_{\mu z}}{B} - F_{1z} = 6482.70 - 1509.86 = 4972.84 \ \mathrm{N}$，双动力流行走机构原地转向时，$P_{1y} = \dfrac{M_{\mu y}}{B} + F_{1y} = 6482.70 + 1509.86 = 7992.56 \ \mathrm{N}$，$P_{1y} \approx 1.61 P_{1z}$。

（5）外侧履带驱动力 P_2

单动力流行走机构在最小半径转向时，$P_{2z} = \dfrac{M_{\mu z}}{B} + F_{2z} = 6482.70 + 1509.86 = 7992.56 \ \mathrm{N}$；双动力流行走机构 $P_{2y} = \dfrac{M_{\mu y}}{B} + F_{2y} = 6482.70 + 1509.86 = 7992.56 \ \mathrm{N}$，$P_{2z} = P_{2y}$。

（6）滚动阻力矩 M_f

单动力流行走机构在最小半径转向时，$M_{fz} = \dfrac{B}{2}(F_{1z} - F_{2z}) = 0$；双动力流行走机构在原地转向时，$M_{fy} = \dfrac{B}{2}(F_{1y} + F_{2y}) = 1509.86 \ \mathrm{N \cdot m}$，$M_{fy} > M_{fz}$。

（7）行走功率消耗 N

单动力流行走机构作最小半径转向时，$N_z = P\left(0.5 + \dfrac{M_\mu}{PB}\right) v_2 / \eta \times 10^{-3} =$

15.05 kW;双动力流行走机构原地转向时,$N_y = M_y \omega_y = (M_{fy} + M_{\mu y}) \omega_y /$ $\eta \times 10^{-3} = 8.33$ kW,$N_y \approx 0.55 N_z$。

12.3　两种行走机构转向比较分析

12.3.1　行走机构履带不同速度转向$(v_1 = 0.5$ m/s,$v_2 = 1$ m/s)

① 转向半径:$R_s \approx 0.11 R_p$,双动力流行走机构约为单动力流行走机构的 0.11 倍。

② 机体中心转向速度:$v_s \approx 0.33 v_p$,双动力流行走机构约为单动力流行走机构的 0.33 倍。

③ 转向角速度:$\omega_s \approx 3\omega_p$,双动力流行走机构约为单动力流行走机构的 3 倍。

④ 内侧履带驱动力:$P_{1s} \approx 5.36 P_{1p}$,双动力流行走机构约为单动力流行走机构的 5.36 倍。

⑤ 外侧履带驱动力:$P_{2s} \approx 0.55 P_{2p}$,双动力流行走机构约为单动力流行走机构的 0.55 倍。

⑥ 滚动阻力矩:$M_{fs} > M_{fp}$,双动力流行走机构 $M_{fs} = 1509.86$ N·m,单动力流行走机构为零。

⑦ 行走功率消耗:$N_s \approx 0.82 N_p$,双动力流行走机构约为单动力流行走机构的 0.82 倍。

12.3.2　行走机构最小半径转向$(v_1 = 0,v_2 = 1$ m/s)

① 转向半径:双动力流行走机构 $R_y = 0$,单动力流行走机构 $R_z = \dfrac{B}{2}$。

② 机体中心转向速度:双动力流行走机构 $v_y = 0$,单动力流行走机构 $v_z = 0.5$。

③ 转向角速度:$\omega_y = \omega_z$,在内/外侧履带速度相同的情况下,两种行走机构的转向角速度相等。

④ 内侧履带驱动力:$P_{1y} \approx 1.61 P_{1z}$,双动力流行走机构约为单动力流行走机构的 1.61 倍。

⑤ 外侧履带驱动力:$P_{2y} \approx P_{2z}$,双动力流行走机构与单动力流行走机构大约相等。

⑥ 滚动阻力矩:$M_{fy} > M_{fz}$,双动力流行走机构大于单动力流行走机构。

⑦ 行走功率消耗:$N_y \approx 0.55N_z$,双动力流行走机构约为单动力流行走机构的 0.55 倍。

12.3.3 双动力流行走机构的主要特征

(1)转向速度快,提高时间利用率

内/外侧履带不同速度转向时,双动力流行走机构的转向角速度约为单动力流行走机构的 3 倍,转向速度快,最小半径转向时转向掉头灵活。

(2)减少作业空行程

最小半径转向时,双动力流行走机构原地转向,理论转向半径为零。单动力流行走机构以单侧履带制动来实现最小半径转向,外侧履带回转半径为履带轨距 B。如以轨距为 1 m 的联合收割机进行 180°转向掉头时,原地转向机构履带行程为 1.57 m,单动力流行走机构为 3.14 m,是双动力流行走机构的 2 倍。

(3)最小半径转向时行走功率消耗小

最小半径转向时,双动力流行走机构原地转向,单动力流行走机构以内侧履带完全制动进行最小半径转向,内侧履带完全制动时($v_1 = 0$)消耗制动功率,行走功率消耗 N 是双动力流行走机构的 2 倍。

(4)内/外侧履带不同速度转向时转向总阻力矩大

内/外侧履带不同速度转向时,双动力流行走机构的转向总阻力矩包括转向阻力矩 M_μ 和滚动阻力矩 M_f,而单动力流行走机构滚动阻力矩 M_f 为零,总阻力矩仅为转向阻力矩 M_μ。

(5)减少转向时对地表土壤的破坏

单动力流行走机构单边制动作最小半径转向时,被制动履带在田面上拖动、积泥,不但增大了转向阻力,而且破坏了地表土壤,如图 12-1 中的 B 处;双动力流行走机构内、外侧履带在行走中实现原地转向,不会出现此类情况,如图 12-1 中的 A 处。

图 12-1　两种行走机构最小半径转向时的地表土壤痕迹

第13章　水稻联合收割机总体动力学分析

水稻联合收割机作业时,受到外力和内力的作用,它是一个土壤、作物、机器系统。其中,受到的外力主要有收割台拨禾轮的拨禾工作阻力、切割器切割作物的切割阻力及行走履带的土壤行走阻力(含有用阻力和无用阻力);内力则是作物进入联合收割机后,在输送、脱粒、分离、清选、收集和排出物料等各种工艺过程中产生的工作阻力(含有用阻力和无用阻力)。克服外力和内力消耗的工作力矩由发动机输出扭矩平衡。图 13-1 所示为 4LZS-1.8 型全喂入横轴流水稻联合收割机外力和内力的工作力矩。

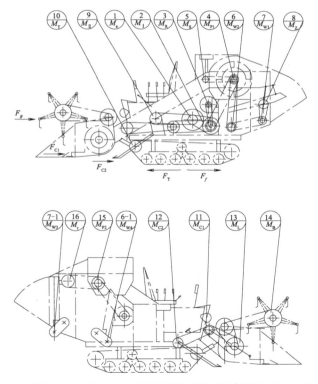

图 13-1　4LZS-1.8 型全喂入联合收割机发动机扭矩和工作力矩示意图

注:图中数字表示机构代号,字母"M"表示相应的力矩。$1/M_e$—发动机输出扭矩;$2/M_I$—工作离合器工作力矩;$3/M_R$—圆锥形离心风扇工作力矩;$4/M_{P1}$—低速脱粒滚筒工作力矩;$5/M_S$—中间输送器工作力矩;$6/M_{W2}$—籽粒水平螺旋输送器工作力矩;$6\text{-}1/M_{W4}$—籽粒垂直螺旋输送器工作力矩;$7/M_{W1}$—杂余水平螺旋输送器工作力矩;$7\text{-}1/M_{W3}$—杂余垂直螺旋输送器工作力矩;$8/M_Z$—振动清选筛工作力矩;$9/M_{II}$—行走离合器工作力矩;$10/M_T$—行走履带驱动工作力矩;$11/M_{C1}$——次切割器工作力矩;$12/M_{C2}$—二次切割器工作力矩;$13/M_L$—收割台螺旋推运器工作力矩;$14/M_B$—拨禾轮工作力矩;$15/M_{P2}$—高速脱粒滚筒工作力矩;$16/M_r$—杂余复脱器工作力矩;F_B—拨禾轮工作阻力;F_{C1}——次切割器工作阻力;F_{C2}—二次切割器工作阻力;F_T—履带驱动力;F_f—履带滚动阻力。

13.1 水稻联合收割机作业时所受外力

13.1.1 割台拨禾轮所受阻力和工作力矩

(1)由拨禾轮所受的阻力求工作力矩

水稻联合收割机作业时,为使作物拨禾就割,拨禾轮(扶禾指和星形轮)在拨禾过程中受到作物茎秆因变形而产生的阻力,可以将作物变形等效为根部固定的悬臂梁,在不计空气阻力时,拨禾轮所受水平方向的阻力为

$$F_B = \frac{3sEI\delta}{h^3} \tag{13-1}$$

式中:F_B——拨禾轮水平方向所受的阻力,N;

s——一根拨禾弹齿杆所带动的作物茎秆数;

E——作物茎秆的弹性模量,Pa;

I——作物茎秆的惯性矩,m^4;

δ——茎秆头部变形量,m;

h——茎秆高度,m。

根据拨禾轮几何尺寸,可得

$$s = \frac{5\pi C_d Bv}{9\omega_B Z} \tag{13-2}$$

$$\delta = \frac{5\pi v}{18\omega_B Z} \tag{13-3}$$

式中:C_d——每平方米内的平均植株数;

B——联合收割机割幅,m;

v——联合收割机前进速度,m/s;

ω_B——拨禾轮角速度,rad/s;

Z——拨禾轮上的拨禾弹齿杆数。

通过多点弯曲试验方法可以得到作物茎秆的弹性模量 E 及惯性矩 I,从实测数据可知,在乳熟和腊熟期,某品种小麦茎秆抗弯刚度分别为 $EI = 0.008 \sim 0.011$ N·m^2 和 $EI = 0.007 \sim 0.010$ N·m^2。

拨禾轮切向阻力用下式表示:

$$F_b = \frac{F_B}{\cos \theta} = \frac{3sEI\delta}{h^3 \cos \theta} \tag{13-4}$$

拨禾轮工作力矩可表示为

$$M_B = F_b \cdot R_b \tag{13-5}$$

式中:F_b——拨禾轮切向所受的阻力,N;

M_B——拨禾轮工作力矩,N·m;

θ——通过拨禾轮最外侧弹齿杆的水平线与其切线的夹角,(°);

R_b——拨禾轮弹齿端部至拨禾轮轴心的距离,m。

(2)由拨禾轮消耗功率求工作力矩

$$M_B = \frac{9545N_B}{n_B} \tag{13-6}$$

式中:M_B——拨禾轮工作力矩,N·m;

n_B——拨禾轮转速,r/min;

N_B——拨禾轮所需功率,kW,其计算公式为

$$N_B = Bv_B p \times 10^{-3} \tag{13-7}$$

B——拨禾轮拨幅(工作宽度),m;

v_B——拨禾轮弹齿端部圆周速度,m/s;

p——拨禾轮单位工作阻力,N/m。

13.1.2 往复式切割器所受阻力和工作力矩

(1)由切割器总阻力求工作力矩

水稻联合收割机在收获作业时,切割器动刀受到三种阻力的作用,即作物切割阻力、动刀运动摩擦力和动刀惯性力。在不计摩擦力的情况下,往复式切割器所受总阻力反映到曲柄轴上,与连杆机构惯性力等惯性力

合成后,据式(1-26),往复式切割器平衡力为

$$F_M = \frac{R \cdot \overline{pc} + F_p \cdot l + M_P - F \cdot h}{\overline{pb}}$$

$$= \frac{R \cdot \overline{pc} + F_p \cdot l + F_p \cdot d - F \cdot \overline{pb} \cos \alpha}{\overline{pb}} \tag{13-8}$$

切割器曲柄轴工作力矩为

$$M_C = F_M \cdot L_{AB} \tag{13-9}$$

式中:M_C——图 1-10 机构图中曲柄位于 B 位置的平衡力矩,即工作扭矩, N · m;

F——图 1-10 机构图中曲柄位于 B 位置的惯性力,N;

F_p——平衡重离心力,N;

F_M——平衡力,N;

R——切割器切割作物工作阻力,N;

$\overline{pc}$——图 1-10 速度图上力 R 的作用点 c 与 p 点的距离,m;

$\overline{pb}$——图 1-10 速度图上平衡力 F_M 的作用点 b 与 p 点的距离,m;

M_P——图 1-10 机构图中曲柄位于 B 位置的惯性力偶,N · m;

d——图 1-10 机构图中曲柄位于 B 位置的惯性力偶力臂,m;

L_{AB}——图 1-10 机构图中曲柄 AB 的长度,m;

h——图 1-10 速度图上力 F 和点 p 的垂直距离,m;

l——图 1-10 速度图上力 F_p 和点 p 的垂直距离,m;

α——图 1-10 速度图上力 F 和速度 v_b 的夹角,(°)。

(2) 由切割器消耗功率求曲柄轴工作力矩

$$M_C = \frac{9545 N_C}{n_c} \tag{13-10}$$

式中:M_C——往复式切割器工作力矩,N · m;

N_C——往复式切割器所需功率,kW,其计算公式为

$$N_C = N_g + N_k = v_m B L_0 \times 10^3 + N_k \tag{13-11}$$

N_g——切割功率,kW;

N_k——空转功率,与切割器安装技术状态有关,一般为 0.6 ~ 1.2 kW;

v_{m}——机器作业速度，m/s；

B——机器割幅，m；

L_0——切割茎秆所需的功，经测定，割小麦 $L_0 = 100 \sim 200$ N·m/m^2；

n_{c}——曲柄转速，r/min。

13.1.3　履带的土壤行走阻力和驱动轮工作力矩

（1）根据履带驱动力求工作力矩

水稻联合收割机在正常作业中，橡胶履带需克服土壤变形产生的行走阻力。行走阻力的大小主要和土壤状态及机器质量有关，水稻联合收割机匀速前进时，有

$$M_{\mathrm{T}}\omega - \rho M_{\mathrm{T}}\omega - F_f v - P_{\mathrm{T}}(r_{\mathrm{q}}\omega - v) = 0 \qquad (13\text{-}12)$$

式中：M_{T}——履带驱动轮工作力矩，N·m；

ω——驱动轮角速度，rad/s；

ρ——驱动轮内摩擦系数；

P_{T}——驱动力，N；

r_{q}——驱动轮半径，m；

v——水稻联合收割机作业速度，m/s；

F_f——橡胶履带行走阻力，N，$F_f = F_1 + F_2 = P_{\mathrm{T}}$；

F_1、F_2——内、外履带行走阻力。

若不计机器重心偏移，则使用重量分配产生的履带滚动阻力为

$$F_1 = F_2 = \frac{G_{\mathrm{S}}f}{2} = \frac{mgf}{2}$$

式中：G_{S}——联合收割机使用重量，N；

m——联合收割机使用质量，kg；

g——重力加速度，m/s^2；

f——滚动阻力系数。

假设驱动轮与橡胶履带无滑移，则

$$M_{\mathrm{T}} = \frac{P_{\mathrm{T}}r_{\mathrm{q}}}{1-\rho} \qquad (13\text{-}13)$$

（2）由行走装置直行功率求工作力矩

$$M_{\mathrm{T}} = \frac{9545 N_{\mathrm{T}}}{n_{\mathrm{T}}} \qquad (13\text{-}14)$$

式中：n_T——履带驱动轮转速，r/min；

N_T——行走装置直行所需功率，kW，其计算公式为

$$N_T = mgvf/\eta \times 10^{-3} \tag{13-15}$$

v——联合收割机直行理论速度，m/s；

η——行走挡位传动效率；

m——联合收割机满载质量，kg；

f——滚动阻力系数。

13.2 水稻联合收割机作业时的"内力"

13.2.1 收割台螺旋式推运器工作力矩

为了将整个割台切割下来的作物集中到中间（或一侧）的输送装置入口处并由其送进中间输送装置，在收割台上设置了扒指式螺旋推运器，螺旋推运器的工作力矩可由下式求得：

$$M_L = \frac{9545N_L}{n_L} \tag{13-16}$$

其中，
$$N_L = N_1 + N_2 = \frac{lq\zeta}{102} + \frac{pr_L n_L}{9545} \tag{13-17}$$

式中：M_L——螺旋推运器工作力矩，N·m；

N_L——螺旋推运器所需功率，kW；

N_1——螺旋推运器输送功率，kW；

N_2——螺旋推运器空转功率，kW；

n_L——螺旋推运器转速，r/min；

l——螺旋推运器长度，m；

q——螺旋推运器生产率（喂入量），kg/s；

ζ——作物沿收割台移动系数；

p——螺旋推运器空转圆周力，N；

r_L——螺旋推运器半径，m。

13.2.2 中间输送装置主动辊工作力矩

全喂入水稻联合收割机在收割台和脱粒装置之间设有槽式中间输送装置，它由槽式箱体和回转链耙式回转输送带构成，其功能是将割台螺旋推运器伸缩扒齿送来的作物连续、均匀地送入脱粒装置。中间输送装置

由主动辊驱动链耙式回转输送带工作,作业时,作物被压缩在下链耙和倾斜输送槽箱体下底板之间,由回转链耙带动作物将其送入脱粒装置。回转链耙主动辊的工作力矩可由下式求得:

$$M_S = F \cdot r_B \tag{13-18}$$

式中:M_S——链耙式输送器主动辊工作力矩,$N \cdot m$;

　　　r_B——链耙式输送器主动辊半径,m;

　　　F——链耙式输送器主动辊驱动力,N,其计算公式为

$$F = k_0 q \tag{13-19}$$

　　　q——联合收割机喂入量,kg/s;

　　　k_0——系数,其计算公式为

$$k_0 = \frac{l}{v_S \psi} g \sin \alpha + \frac{\mu k}{v_S b_S \gamma \psi} + \frac{\mu l}{v_S \psi} g \cos \alpha \tag{13-20}$$

　　　l——链耙式输送器长度,m;

　　　v_S——链耙式输送器速度,m/s;

　　　ψ——回转链耙下链耙和倾斜输送槽箱体下底板之间的物料充满系数;

　　　g——重力加速度,m/s^2;

　　　α——链耙式输送器倾角,(°);

　　　μ——作物与输送槽箱体下底板之间的摩擦系数;

　　　b_S——链耙式输送器宽度,m;

　　　γ——输送空间中的作物密度,kg/m^3;

　　　k——厚度系数,其计算公式为

$$k = cb_S l \gamma g \tag{13-21}$$

　　　c——比例系数。

13.2.3　差速脱粒滚筒驱动链轮工作力矩

$$M_P = M_{P1} + M_{P2} = \frac{9545 N_{P1}}{n_{P1}} + \frac{9545 N_{P2}}{n_{P2}} \tag{13-22}$$

式中:M_P——差速脱粒滚筒工作力矩,$N \cdot m$;

　　　M_{P1}、M_{P2}——低、高速脱粒滚筒工作力矩,$N \cdot m$;

　　　N_{P1}、N_{P2}——低、高速脱粒滚筒功率消耗,kW;

　　　n_{P1}、n_{P2}——低、高速脱粒滚筒转速,r/min。

$$\begin{cases} N_{P1} = J_1\omega_1\dfrac{\mathrm{d}\omega_1}{\mathrm{d}t} + A\omega_1 + B\omega_1^3 + \zeta_1\dfrac{q_1v_1^2}{1-f_1} \\[4mm] N_{P2} = J_2\omega_2\dfrac{\mathrm{d}\omega_2}{\mathrm{d}t} + A\omega_2 + B\omega_2^3 + \zeta_2\dfrac{q_2v_2^2}{1-f_2} \end{cases} \tag{13-23}$$

若脱粒滚筒稳定工作时的角加速度$\dfrac{\mathrm{d}\omega}{\mathrm{d}t}=0$,则低/高速脱粒滚筒的功率消耗为

$$\begin{cases} N_{P1} = A\omega_1 + B\omega_1^3 + \zeta_1\dfrac{q_1v_1^2}{1-f_1} \\[4mm] N_{P2} = A\omega_2 + B\omega_2^3 + \zeta_2\dfrac{q_2v_2^2}{1-f_2} \end{cases} \tag{13-24}$$

式中:J_1、J_2——低、高速脱粒滚筒转动惯量,$kg \cdot m^2$;

q_1、q_2——低、高速脱粒滚筒单位时间水稻喂入量,kg/s;

v_1、v_2——低、高速脱粒滚筒圆周速度,m/s;

f_1、f_2——水稻通过低、高速脱粒凹板间隙时的综合搓擦系数;

ζ_1、ζ_2——低、高速滚筒脱粒功耗修正系数;

ω_1、ω_2——低、高速脱粒滚筒角速度,rad/s;

$A\omega_1 + B\omega_1^3$、$A\omega_2 + B\omega_2^3$——低、高速脱粒滚筒空转功耗,PS。

13.2.4　振动清选筛曲柄轮工作力矩

$$M_Z = \frac{9545N_Z}{n_Z} \tag{13-25}$$

式中:M_Z——振动清选筛曲柄轮工作力矩,$N \cdot m$;

n_Z——振动清选筛曲柄轮转速,r/min;

N_Z——振动清选筛所需功率,kW,其计算公式为

$$N_Z = Q_Z N_0/\varepsilon \tag{13-26}$$

Q_Z——进入振动清选筛的谷粒混合物,kg/s,取 0.60q(喂入量);

N_0——振动清选筛单位生产率所需功率,$(1.7 \sim 2.5)kW/(kg \cdot s^{-1})$,上筛取 40%~55%,下筛取 25%~30%;

ε——系数,取 0.9。

13.2.5　圆锥形离心风扇驱动带轮工作力矩

$$M_R = \frac{9545N_R}{n_R} \tag{13-27}$$

式中:M_R——圆锥形离心风扇工作力矩,N·m;

　　n_R——圆锥形离心风扇转速,r/min;

　　N_R——圆锥形离心风扇所需功率,kW,其计算公式为

$$N_R = M\omega = \frac{V\gamma}{g} v_{2p} u_{2p} \cos \alpha_{2p} \tag{13-28}$$

　　M——空气分子通过叶片平均直径进口端/出口端的动量矩变化(等于外界施加力矩),N·m;

　　ω——叶轮角速度,rad/s;

　　v_{2p}——在平均直径叶片出口端的绝对速度,m/s;

　　r_{2p}——叶轮圆心至叶片平均直径出口端的距离(平均半径),m;

　　α_{2p}——空气分子在叶片平均直径出口端的绝对速度与圆周速度的夹角,(°);

　　u_{2p}——质量为 m 的空气分子在平均直径叶片出口端获得的圆周速度,m/s;

　　V——空气流量,m³/s;

　　γ——空气容重,N/m³;

　　g——重力加速度,m/s²。

13.2.6　物料水平/垂直螺旋输送器工作力矩

$$M_W = \frac{9545 N_W}{n_W} \tag{13-29}$$

式中:M_W——螺旋输送器工作力矩,N·m;

　　N_W——螺旋输送器所需功率,kW;

$$N_W = Qg(Lw_0 + h)\eta \times 10^{-3} \tag{13-30}$$

　　Q——螺旋输送器输送量,kg/s,其计算公式为

$$Q = \rho_0 k_1 \psi_1 \int_r^R v_z 2\pi\rho \, d\rho = \rho_0 k_1 \psi_1 \pi (R^2 - r^2) sn/60 \tag{13-31}$$

　　g——重力加速度,m/s²;

　　L——螺旋输送器水平投影,m;

　　w_0——谷粒或者杂余沿外壳移动的阻力系数;

　　h——谷粒/杂余提升高度,m,水平螺旋输送器 $h=0$;

　　η——螺旋输送器安装倾斜度修正系数,倾斜度<20°时 $\eta=1$,倾斜度

为 $45° \sim 90°$ 时 $\eta = 2 \sim 3$；

　　ρ_0——输送物料密度，kg/m^3；

　　k_1——螺旋输送器安装倾斜度生产率降低系数，水平安装时 $k_1 = 1$，安装角为 $40° \sim 90°$ 时 $k_1 = 0.52 \sim 0.3$；

　　ψ_1——螺旋输送器物料充满系数，谷粒或者杂余取 $0.3 \sim 0.4$；

　　R——螺旋输送器叶片外径，m；

　　r——螺旋输送器叶片内径，m；

　　v_z——物料输送速度，m/s；

　　ρ——螺旋输送器叶片任意点的半径，m；

　　s——螺旋输送器叶片导程，m；

　　n——螺旋输送器转速，r/min。

13.2.7　杂余复脱器工作力矩

杂余复脱器结构类似于水平螺旋输送器，其导程与螺旋输送器相同，工作负荷与水平螺旋输送器相当，故其功率按水平螺旋输送器计算，即

$$M_r = \frac{9545 N_r}{n_r} \qquad (13\text{-}32)$$

式中：M_r——杂余复脱器工作力矩，$N \cdot m$；

　　n_r——杂余复脱器转速，r/min；

　　N_r——杂余复脱器所需功率，kW，其计算公式为

$$N_r = QgLw_0 \eta \times 10^{-3} \qquad (13\text{-}33)$$

　　Q——进入复脱器的杂余质量，kg/s；

　　g——重力加速度，m/s^2；

　　L——杂余复脱器水平投影，m；

　　w_0——谷粒或者杂余沿外壳移动的阻力系数；

　　η——杂余复脱器安装倾斜度修正系数，倾斜度 $<20°$ 时 $\eta = 1$，倾斜度为 $45° \sim 90°$ 时 $\eta = 2 \sim 3$。

13.3　水稻联合收割机收获作业动力学平衡

13.3.1　发动机输出扭矩和工作力矩的平衡

水稻联合收割机大量采用三角皮带传动。在传动过程中，由于皮带与带轮之间滑动、皮带内摩擦、皮带与带轮工作面的黏附性及 V 带楔入、

退出轮槽的侧面等摩擦和轴承摩擦,传动功率损失。水稻联合收割机也采用了部分套筒滚子链传动,在传动过程中,滚子与链轮之间摩擦、润滑不良、链片变形等原因也造成传动功率损失。上述阻力和空气阻力等都属于无用阻力。水稻联合收割机在田间作业时,各种工作部件运转做功克服的各种工作阻力(如切割阻力、脱粒阻力、行走阻力等)属于有用阻力。发动机所做的功用于克服这些有用阻力和无用阻力。设有用阻力所做的功(扭矩)为 M_u,无用阻力损耗的功为 M_x,发动机输出的功(扭矩)为 M_e,各种工作部件运转中的动能变化为 ΔE,在不计空气阻力和轴承摩擦功耗的情况下,根据动能定理[57]有

$$\Delta E = M_e - M_u - M_x \tag{13-34}$$

水稻联合收割机匀速前进稳定作业时,各种工作部件平稳运转,动能保持不变,故有

$$\Delta E = M_e - M_u - M_x = 0 \tag{13-35}$$

$$
\begin{aligned}
M_e &= M_u + M_x = M_{\mathrm{I}} + M_{\mathrm{II}} + M_x \\
&= \left(\begin{array}{l}
\dfrac{M_B}{i_B} + \dfrac{M_{C1}}{i_{C1}} + \dfrac{M_{C2}}{i_{C2}} + \dfrac{M_L}{i_L} + \dfrac{M_S}{i_S} + \dfrac{M_{P1}}{i_{P1}} + \dfrac{M_{P2}}{i_{P2}} + \dfrac{M_Z}{i_Z} + \\
\dfrac{M_R}{i_R} + \dfrac{M_{W1}}{i_{W1}} + \dfrac{M_{W2}}{i_{W2}} + \dfrac{M_{W3}}{i_{W3}} + \dfrac{M_{W4}}{i_{W4}} + \dfrac{M_r}{i_r} + \dfrac{M_0}{i_0} +
\end{array}\right) + \dfrac{M_T}{i_T} + \sum (1-\eta_i)\dfrac{M_i}{i_i}
\end{aligned}
$$

$$\tag{13-36}$$

式中:M_e——水稻联合收割机发动机输出扭矩,N·m;

M_u——有用阻力所做的功,N·m;

M_x——无用阻力损耗的功,N·m;

M_{I}——工作离合器的工作力矩,N·m;

M_{II}——行走离合器的工作力矩,N·m;

M_i、i_i——各装置的工作力矩、总传动比;

M_B、i_B——拨禾轮的工作力矩(N·m)、总传动比;

M_{C1}、i_{C1}——一次切割器的工作力矩(N·m)、总传动比;

M_{C2}、i_{C2}——二次切割器的工作力矩(N·m)、总传动比;

M_L、i_L——收割台螺旋推运器的工作力矩(N·m)、总传动比;

M_S、i_S——中间输送器的工作力矩(N·m)、总传动比;

M_{P1}、i_{P1}——低速脱粒滚筒的工作力矩(N·m)、总传动比;

M_{P2}、i_{P2}——高速脱粒滚筒的工作力矩（N·m）、总传动比；

M_Z、i_Z——振动清选筛的工作力矩（N·m）、总传动比；

M_R、i_R——圆锥形离心风扇的工作力矩（N·m）、总传动比；

M_{W1}、i_{W1}——杂余水平螺旋输送器的工作力矩（N·m）、总传动比；

M_{W2}、i_{W2}——籽粒水平螺旋输送器的工作力矩（N·m）、总传动比；

M_{W3}、i_{W3}——杂余垂直螺旋输送器的工作力矩（N·m）、总传动比；

M_{W4}、i_{W4}——籽粒垂直螺旋输送器的工作力矩（N·m）、总传动比；

M_r、i_r——杂余复脱器的工作力矩（N·m）、总传动比；

M_0、i_0——液压装置驱动的工作力矩（N·m）、总传动比；

M_T、i_T——行走履带驱动的工作力矩（N·m）、总传动比；

$\sum (1-\eta_i)\dfrac{M_i}{i_i}$——各工作装置传动过程中消耗的计算力矩，N·m；

η_i——各工作装置传动效率。

13.3.2　4LZS-1.8 型水稻联合收割机动力学参数计算

4LZS-1.8 型全喂入水稻联合收割机动力学参数计算见表 13-1。

表 13-1　4LZS-1.8 型全喂入水稻联合收割机动力学参数计算表

图 13-1中编号	名称	转速 $n/$（r·min⁻¹）	总传动比（自发动机）i_i	传动效率（自发动机）η_i	工作消耗功率 $P/$kW	工作力矩 $M_i/$（N·m）	计算力矩 $M_j/$（N·m）	传动损耗计算力矩 $M_x/$（N·m）
1	发动机	$n_e = 2650$			$p_e = 29.4$		$M_e = 107$	
2	工作离合器	1305	2.03	0.97	(20.0)	($M_I = 350.49$)	($M_I = 72.04$)	(5.84)
3	圆锥形离心风扇	1305	$i_R = 2.03$	$0.97^2 = 0.94$	0.40	$M_R = 2.93$	1.44	0.09
4	低速脱粒滚筒	770	$i_{P1} = 3.44$	$0.97^2 = 0.94$	9.12	$M_{P1} = 113.05$	32.86	2.10
5	中间输送器	671	$i_S = 3.95$	$0.97^3 = 0.91$	1.23	$M_S = 17.50$	4.43	0.40
6	籽粒水平输送器	587	$i_{W2} = 4.51$	$0.97^3 = 0.91$	0.02	$M_{W2} = 0.33$	0.07	
6-1	籽粒垂直输送器	587	$i_{W4} = 4.51$	0.89	0.03	$M_{W4} = 0.49$	0.11	
7	杂余水平输送器	618	$i_{W1} = 4.29$	0.89	0.07	$M_{W1} = 1.08$	0.25	0.02
7-1	杂余垂直输送器	618	$i_{W3} = 4.29$	0.86	0.08	$M_{W3} = 1.24$	0.29	0.04

续表

图 13-1 中编号	名称	转速 $n/$ $(\mathrm{r}\cdot\mathrm{min}^{-1})$	总传动比 （自发动机） i_i	传动效率 （自发动机） η_i	工作消耗 功率 P_i/kW	工作力矩 $M_i/(\mathrm{N}\cdot\mathrm{m})$	计算力矩 $M_j/(\mathrm{N}\cdot\mathrm{m})$	传动损耗 计算力矩 $M_x/$ $(\mathrm{N}\cdot\mathrm{m})$
8	振动清选筛	309	$i_Z=8.58$	0.86	1.47	$M_Z=45.40$	5.29	0.74
9	行走离合器	1948	1.36	0.97	(4.0)	$(M_{\mathrm{II}}=477.07)$	$(M_{\mathrm{II}}=14.40)$	(2.73)
10	履带驱动轮 （直行）	80	$i_T=33.13$	0.81	4.0	$M_T=477.07$	14.40	2.73
11	一次切割器	473	$i_{C1}=5.60$	0.91	1.57	$M_{C1}=31.68$	5.66	0.51
12	二次切割器	551	$i_{C2}=4.81$	0.89	1.47	$M_{C2}=25.46$	5.29	0.58
13	收割台螺旋 推运器	246	$i_L=10.69$	0.89	0.26	$M_L=10.08$	0.94	0.10
14	拨禾轮	30	$i_B=88.33$	0.83	0.20	$M_B=63.63$	0.72	0.12
15	高速脱粒 滚筒	1035	$i_{P2}=2.56$	0.91	3.98	$M_{P2}=36.70$	14.33	1.29
16	杂余复脱器	1035	$i_r=2.56$	0.89	0.10	$M_r=0.92$	0.36	0.04
合计	（不计括号 内数据）				24.0	827.56	86.44	8.76

注:1. 工作离合器栏括号内的数据为由其驱动的各工作装置相关数据之和,行走离合器仅驱动履带驱动轮。

2. 计算公式:工作力矩 $M_i=\dfrac{9545P_i}{n_i}$,计算力矩 $M_j=\dfrac{M_i}{i_i}$,传动损耗计算力矩 $M_x=\dfrac{M_i}{i_i}(1-\eta_i)$。

13.3.3　4LZS-1.8 型水稻联合收割机动力学参数计算分析

① 计算表明,在水稻单产 8250 kg/hm² ,草谷比 1.05:1,喂入量 $q_s=$ 1.80 kg/s,作业速度 1 m/s 的工况下,发动机输出功率 $P_i=26.16$ kW(包含工作消耗 $P_i=24$ kW,传动损耗 $N_x=2.16$ kW),发动机输出扭矩 $M_j=$ 86.44 N·m,小于发动机标定功率和力矩。

② 低速滚筒脱粒功耗 $N_{P1}=9.12$ kW,高速滚筒脱粒功耗 $N_{P2}=$ 3.98 kW,合计脱粒功耗 $N_P=13.10$ kW,分别占总功耗的 34.81% 、15.19% 、50.0% 。

③ 履带行走功耗 $N_t=4.0$ kW,占总功耗的 15.29% 。

④ 工作离合器传递工作功率 $N_{\mathrm{I}}=20$ kW,占总功耗的 76.45% ;行走离合器传递功率 $N_{\mathrm{II}}=4.0$ kW,占总功耗的 15.29% 。

⑤ 传动损耗功耗 $N_x=2.16$ kW,占总功耗的 8.25% 。

4LZS-1.8 型水稻联合收割机在喂入量 $q_s=1.80$ kg/s,作业速度 1 m/s 的工况下,发动机输出功率 $P_i=26.16$ kW,其中脱粒功耗 13.10 kW;行走功耗 4.0 kW；一、二次切割器功耗 3.04 kW；其他工作装置功耗 3.86 kW；传动损耗 2.16 kW。发动机额定功率 29.40 kW，发动机额定功率与实际输出功率之差的余下部分用于液压系统和功率储备。

参考文献

［1］北京农业工程大学. 农业机械学:下册［M］. 2 版. 北京:中国农业出版社,1980.

［2］С. Н. 科热夫尼科夫,等. 机构元件［M］. 隆礼湘,译. 北京:机械工业出版社,1964.

［3］А. Ф. 乌里扬诺夫. 农业机械的几个理论问题［M］. 北京:北京农业机械化学院,1958.

［4］李翰如. 农业机械学:中册［M］. 北京:机械工业出版社,1959.

［5］余友泰,程万里. 农业机械的构造、原理及计算(下册)［M］. 北京:高等教育出版社,1959.

［6］А. В. КОТОВ, Ю. В. ЧУПРЫНИН. Выкторный анализ пространственных рычажных механизмов［J］. Тракторы и слькозмашины,2011(12):33-38.

［7］吴守一,赵杰文. 往复式切割器惯性力的平衡和减振［J］. 农业机械学报,1983(4):90-98.

［8］井上英二,丸谷一郎,光冈宗司,等. コンバイン刈刃驱动部の力学モデルとその検证［J］.(日)农业机械学会誌, 2004,66(2):61-67.

［9］陈霓,龚永坚,陈德俊,等. 全喂入联合收获机双动刀切割器与驱动机构研究［J］. 农业机械学报,2008(9):60-63,29.

［10］赵红乔. 摆环机构的动力学仿真及有限元分析［D］. 长沙:湖南大学,2010.

［11］武志云,卢宜青,白振力,等. 收获机械中摆环机构理论分析［J］. 内蒙古工业大学学报(自然科学版),1997(4):49-53.

［12］李昇揆,川村登. 轴流スレッシヤに関する研究(第 2 报)［J］.(日)農業機械學會誌, 1986,48(1):33-41.

［13］李耀明. 谷物联合收割机的设计与分析［M］. 北京：机械工业出版社，2014.

［14］衣淑娟，陶桂香，毛欣，等. 组合式轴流脱分装置动力学仿真［J］. 农业工程学报，2009(7)：94-97.

［15］李耀明，唐忠，徐立章，等. 纵轴流脱粒分离装置功耗分析与试验［J］. 农业机械学报，2011(6)：93-97.

［16］В. Г. Антипин，В. М. Коробицын. О перемещении обмолачиваемой культуры по подбарабанью［J］. Механизация и электрификация социалистичёского сельского хозЯйства，1979(8)：7-9.

［17］HUYNH V M，POWELL T，SIDDALL J N. Threshing and separating process－A mathematical model［J］. Transactions of the ASAE，1982，20(1)：65-73.

［18］李耀明，王建鹏，徐立章，等. 联合收获机脱粒滚筒凹板间隙调节装置设计与试验［J］. 农业机械学报，2018，49(8)：68-75.

［19］北京农业机械化学院. 农业机械的原理、设计与计算［M］. 北京：北京农业机械化学院，1959.

［20］张认成，桑正中. 联合收割机轴流脱粒过程的动力学仿真［J］. 农业机械学报，2001(3)：58-60.

［21］陈霓，熊永森，陈德俊，等. 联合收获机同轴差速轴流脱粒滚筒设计和试验［J］. 农业机械学报，2010(10)：67-71.

［22］杨方飞，阎楚良，杨炳南，等. 联合收获机纵向轴流脱粒谷物运动仿真与试验［J］. 农业机械学报，2010(12)：67-71，88.

［23］王志明，吕彭民，陈霓，等. 横置差速轴流脱分选系统设计与试验［J］. 农业机械学报，2016，47(12)：53-61.

［24］刘正怀，戴素江，李明强，等. 半喂入联合收获机回转式栅格凹板脱分装置设计与试验［J］. 农业机械学报，2018，49(5)：169-178.

［25］江崎春雄. 割捆机和联合收割机［M］. 姜喆雄，译. 北京：机械工业出版社，1980.

［26］日本农业机械学会. 农业机械手册［M］. 吴关昌，等译. 北京：机械工业出版社，1991.

［27］李革,赵匀,俞高红. 倾斜气流清选装置中物料的动力学特性、轨迹和分离研究［J］. 农业工程报, 2001,17(6):22-25.

［28］刘正怀,郑一平,王志明,等. 微型稻麦联合收获机气流式清选装置研究［J］. 农业机械学报,2015,46(7):102-108.

［29］СПРАВОЧНИК КОНСРУКОРА СЕЛЬСКОХОЗЯЙ-СТВЕННЫХ МАШИН, ТОМ (2)［M］. МОСКВА:ГСУДАРАСТВЕННОЕ НАУЧНО-ТЕХНЙЧЕСКОЕ ИЗДАТЕЛЬСТВО,1961.

［30］陈霓,黄东明,陈德俊,等. 风筛式清选装置非均布气流清选原理与试验［J］. 农业机械学报,2009,40(4):73-77.

［31］吴守一. 农业机械学:下册［M］. 2 版. 北京:机械工业出版社. 1987.

［32］邱先钧. 贯流风机在联合收割机中的应用及其设计［J］. 农业工程学报, 2003,19(1):110-112.

［33］宋怀普,赵学笃. 横流式农用清选风机的研究［J］. 农业机械学报, 1986(2):53-67.

［34］师清翔,朱永宁,陶滨友. 径向进气风机流场的试验研究［J］. 农业机械学报,1989(1):38-46.

［35］陈德俊,戴素江,陈霓,等. 水稻联合收割机新型工作装置设计与试验［M］. 北京:中国农业大学出版社,2018.

［36］机械电子工业部洛阳拖拉机研究所. 拖拉机设计手册:上册［M］. 北京:机械工业出版社,1994.

［37］Desria, Nobutaka ITO. Theoretical Model for the Estimation of Turning Motion Resistance for Tracked Vehicle［J］. Journal of the Japanese Society of Agricultural Machinery, 1999,61(6):169-178.

［38］迟媛. 履带车辆差速转向技术与理论［M］. 北京:化学工业出版社,2013.

［39］陈霓,王志明,陈德俊,等. 联合收获机原地转向变速器设计［J］. 农业机械学报,2013,44(6):84-87,99.

［40］赵匀. 农业机械分析与综合［M］. 北京:机械工业出版社,2008.

［41］陈德俊,陈霓,姜喆雄,等. 国外水稻联合收割机新技术及相关理论研究［M］. 镇江:江苏大学出版社，2015.

［42］D. C. Baruah, B. S. Panesar. Energy Requirement Model for a Combine Harvester, Part Ⅰ: Development of Component Models［J］. Biosystems engineering，2005,90(1):9-25.

［43］D. C. Baruah, B. S. Panesar. Energy Requirement Model for a Combine Harvester,Part Ⅱ:Integration of Component Models［J］. Biosystems engineering，2005,90(2):161-171.

［44］杨方飞,阎楚良. 基于视景仿真的联合收获机虚拟试验技术［J］. 农业机械学报,2011,42(1):79-83.

［45］宁小波, 陈进, 李耀明, 等. 联合收获机脱粒系统动力学模型及调速控制仿真与试验［J］. 农业工程学报,2015,31(21): 25-34.

［46］М. Н. 列托施聂夫. 农业机械(中)［M］. 曾德超,等译. 北京:农业出版社,1965.

［47］Г. Д. 捷尔斯科夫. 谷物收获机械的计算［M］. 柏庆荣,等译. 北京:中国工业出版社,1964.

［48］В. П. СМИРНОВ. Динамическое моделирование зерноуборочного комбайна［J］. Тракторы и сельхозмашины,2010(5):41-45.

［49］张兰星,何月娥. 谷物收割机机械理论与计算［M］. 长春:吉林人民出版社,1980.

［50］南京农业大学. 农业机械学:下册［M］. 北京:中国农业出版社，1996.

［51］中国农业机械化科学研究院. 农业机械设计手册［M］. 北京:中国农业科学技术出版社,2007.

［52］清华大学机械原理教研组,北京农业机械化学院机械原理教研组. 机械原理:上册［M］. 北京:北京农业机械化学院,1959.

［53］华大年. 机械原理［M］. 2 版. 北京:高等教育出版社,1984.

［54］陈进,李耀明,季彬彬,等. 联合收获机喂入量测量方法［J］. 农业机械学报,2006,37(12):76-78.

［55］王婵. 履带式联合收割机清选筛机构动力学分析与优化［D］.

杭州:浙江理工大学, 2016.

[56] 王茜,罗康,杨捷,等. 联合收割机振动筛机构惯性力平衡的研究[J]. 机械研究与应用,2012(6):36-39.

[57] 许大兴. 纵向轴流滚筒的初步分析[J]. 洛阳农机学院学报,1980(1):115-131.

[58] 季文美,胡沛泉. 理论力学:下册[M]. 西安航空学院,1957.